领略舌尖上的诗词之美

感受古人对美食的欣赏与向往

【中国诗词大汇】

品读醉美

美食文化诗词

宫润华 · 编著

中国言实出版社

图书在版编目（CIP）数据

品读醉美美食文化诗词 / 宫润华编著. -- 北京：中国言实出版社，2021.2

ISBN 978-7-5171-3671-2

Ⅰ. ①品…　Ⅱ. ①宫…　Ⅲ. ①古典诗歌－诗歌欣赏－中国 ②饮食－文化－中国　Ⅳ. ①I207.2 ②TS971.2

中国版本图书馆CIP数据核字（2021）第000090号

责任编辑　郭江妮
责任校对　代青霞

出版发行　中国言实出版社
地　址：北京市朝阳区北苑路 180 号加利大厦 5 号楼 105 室
邮　编：100101
编辑部：北京市海淀区花园路 6 号院 B 座 6 层
邮　编：100088
电　话：64924853（总编室）　64924716（发行部）
网　址：www.zgyscbs.cn
E-mail：zgyscbs@263.net
经　　销　新华书店
印　　刷　北京市兴怀印刷厂
版　　次　2021 年 10 月第 1 版　　2021 年 10 月第 1 次印刷
规　　格　880 mm×1230 mm　　1/32　　7.5 印张
字　　数　202 千字
定　　价　42.80 元　　ISBN 978-7-5171-3671-2

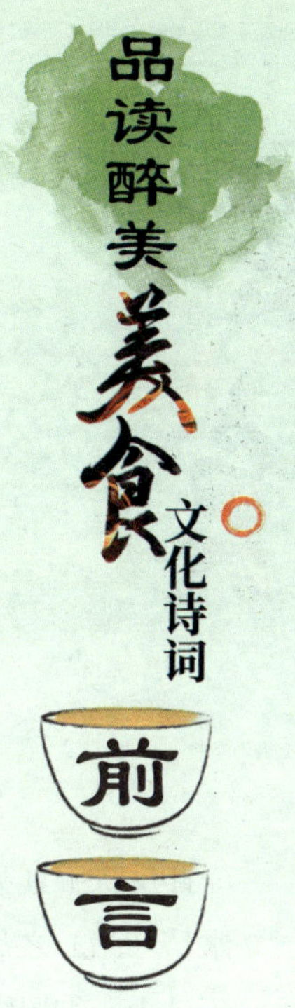

中国文化博大精深，随意撷取，就会发现中国古典诗词与美食有一种说不清道不明的关系。“柴米油盐酱醋茶”，在词章里被一再提及。斗转星移，朝代更替，唯一不变的是人们对美食的欣赏和向往……那些被国人传诵了几千年的古诗里，一景一物，在诗人的笔下都美得令人心醉。

孔子说“食、色，性也”，肯定了饮食对于人类生存的重要意义。他删订的《诗经》中，有许多关于饮食的内容。根据《论语》的记载，孔子对美食的追求，也是身体力行，率先垂范。

历史上以诗词的形式来吟咏美食最多的，当属北宋大文豪苏轼。翻开苏轼的诗文书稿，我们可以看到其中有很多与美食相关的佳作，如《猪肉颂》《老饕赋》《菜羹赋》等。此外，还有很多以他名字命名的食物，如东坡肘子、东坡饼、东坡豆腐等。相传苏轼被贬海南儋县时，吃到了一位老妇人做的环饼，写下了一首七绝：“纤手搓来玉色匀，碧油煎出嫩黄深。夜来春睡知轻重，压扁佳人缠臂金。”寥寥28字，勾画出环饼匀细、色鲜、酥脆的特点和形似环钏的形象。南宋爱国诗人陆游，不但是美食家，并且也是一位烹饪高手。在他的诗词中，咏叹佳肴的足有上百首。陆游在他的《初冬绝句》中写道：“鲈肥菰脆调羹美，荠熟油新作饼香。自古达人轻富贵，例缘乡味忆还乡。”一尾鲈鱼、茭白制成

的羹汤搭配一块新油炸的煎麦饼，即解了他的思乡之情。他还写有《山居食每不肉戏作》这首诗，并在序言中记下了“甜羹”的做法：“以菘菜、山药、芋、菜菔杂为之，不施醯酱，山庖珍烹也。”并诗曰：“老住湖边一把茅，时话村酒具山肴。年来传得甜羹法，更为吴酸作解嘲。”中国四大名著之一的《红楼梦》，里面也有许多描写美食的诗词，其中分别以宝玉、黛玉、宝钗之名写的三首《咏蟹诗》最为精彩和有名。杜甫一生阅历丰富，他经历了唐代由盛到衰的过程，他的诗在很多时候像镜子一样反映了真实的历史面貌。《丽人行》中有诗句：“紫驼之峰出翠釜，水精（晶）之盘行素鳞。犀箸厌饫久未下，鸾刀缕切空纷纶。黄门飞鞚不动尘，御厨络绎送八珍。”写出了统治阶级的腐朽生活。

诗词与美食，在中华民族传统文化中占有一定地位，千百年来，按照各自的发展轨迹，世代传延，彼此交融，比翼双飞，以其光辉灿烂的业绩，闻名于全世界。时至今日，社会文化已高度发达，物质生活已无限丰富，诗词与饮食的交融，必将使人们的生活更加丰富多彩，并为人们带来更多更高级的享受。

编　者

目录

箜篌引 【三国时期】曹　植 //1

悲愁歌 【西汉】刘细君 //3

归园田居·其五 【东晋时期】陶渊明 //4

立春 【唐】杜　甫 //6

绝句四首·其一 【唐】杜　甫 //7

绝句漫兴九首·其七 【唐】杜　甫 //9

野人送朱樱 【唐】杜　甫 //10

客至 【唐】杜　甫 //11

丽人行 【唐】杜　甫 //12

赠卫八处士 【唐】杜　甫 //14

赠李白 【唐】杜　甫 //16

岁晏行 【唐】杜　甫 //18

崔氏东山草堂 【唐】杜　甫 //19

南陵别儿童入京 【唐】李　白 //20

秋下荆门 【唐】李　白 //22

宿五松山下荀媪家 【唐】李　白 //23

送当涂赵少府赴长芦 【唐】李　白 //24

酬中都小吏携斗酒双鱼于逆旅见赠 【唐】李　白 //26

赠闾丘处士 【唐】李　白 //27
送湖南李正字归 【唐】韩　愈 //28
山石 【唐】韩　愈 //30
题张十一旅舍三咏·葡萄 【唐】韩　愈 //32
田家三首·其二 【唐】柳宗元 //33
田家三首·其三 【唐】柳宗元 //35
南中荣橘柚 【唐】柳宗元 //36
积雨辋川庄作 【唐】王　维 //38
洛阳女儿行 【唐】王　维 //39
饭覆釜山僧 【唐】王　维 //41
黄台瓜辞 【唐】李　贤 //43
过故人庄 【唐】孟浩然 //44
送客之江宁 【唐】韩　翃 //45
轻肥 【唐】白居易 //47
采地黄者 【唐】白居易 //50
题元八溪居 【唐】白居易 //52
恩制赐食于丽正殿书院宴赋得林字 【唐】张　说 //53
江南弄 【唐】李　贺 //54
昌谷北园新笋四首 【唐】李　贺 //56
将进酒 【唐】李　贺 //59
始为奉礼忆昌谷山居 【唐】李　贺 //60
过华清宫 【唐】李　贺 //62
大堤曲 【唐】李　贺 //64
追和柳恽 【唐】李　贺 //65
苦昼短 【唐】李　贺 //67
热海行送崔侍御还京 【唐】岑　参 //69
酒泉太守席上醉后作 【唐】岑　参 //71

村行 【唐】杜 牧 //73
早雁 【唐】杜 牧 //74
送薛种游湖南 【唐】杜 牧 //75
伤农 【唐】郑 遨 //76
春晚书山家 【唐】贯 休 //77
初食笋呈座中 【唐】李商隐 //78
石榴 【唐】李商隐 //80
寄全椒山中道士 【唐】韦应物 //82
山中寡妇 【唐】杜荀鹤 //83
长安秋望 【唐】赵 嘏 //85
淮上渔者 【唐】郑 谷 //86
遣悲怀三首 · 其一 【唐】元 稹 //88
咏蟹 【唐】皮日休 //90
渔歌子 · 荻花秋 【五代时期】李 珣 //91
南乡子 · 山果熟 【五代时期】李 珣 //93
春光好 · 天初暖 【五代时期】欧阳炯 //94
江上渔者 【宋】范仲淹 //95
九日水阁 【宋】韩 琦 //96
猪肉颂 【宋】苏 轼 //97
食荔枝 【宋】苏 轼 //99
减字木兰花 · 荔枝 【宋】苏 轼 //100
於潜僧绿筠轩 【宋】苏 轼 //101
惠崇春江晚景二首 · 其一 【宋】苏 轼 //103
初到黄州 【宋】苏 轼 //104
忆江南寄纯如五首 · 其二 【宋】苏 轼 //105
水龙吟 · 小沟东接长江 【宋】苏 轼 //106
四月十一日初食荔枝 【宋】苏 轼 //108

浣溪沙 · 咏橘 【宋】苏　轼 //110
浣溪沙 · 细雨斜风作晓寒 【宋】苏　轼 //111
渔父 · 渔父饮 【宋】苏　轼 //112
南歌子 · 游赏 【宋】苏　轼 //113
新城道中二首 · 其一 【宋】苏　轼 //115
菩萨蛮 · 回文夏闺怨 【宋】苏　轼 //116
自金山放船至焦山 【宋】苏　轼 //118
文氏外孙入村收麦 【宋】苏　辙 //120
跋子瞻和陶诗 【宋】黄庭坚 //121
送王郎 【宋】黄庭坚 //123
念奴娇 · 留别辛稼轩 【宋】刘　过 //125
游山西村 【宋】陆　游 //127
幽居初夏 【宋】陆　游 //128
双头莲 · 呈范至能待制 【宋】陆　游 //129
鹧鸪天 · 懒向青门学种瓜 【宋】陆　游 //131
鹧鸪天 · 插脚红尘已是颠 【宋】陆　游 //132
木兰花 · 立春日作 【宋】陆　游 //133
三月十七日夜醉中作 【宋】陆　游 //135
沁园春 · 孤鹤归飞 【宋】陆　游 //136
乙卯重五诗 【宋】陆　游 //137
秋夜读书每以二鼓尽为节 【宋】陆　游 //138
好事近 · 溢口放船归 【宋】陆　游 //139
二月二十四日作 【宋】陆　游 //140
追忆征西幕中旧事四首 · 其三 【宋】陆　游 //142
范饶州坐中客语食河豚鱼 【宋】梅尧臣 //142
醉中留别永叔子履 【宋】梅尧臣 //144
寄滁州欧阳永叔 【宋】梅尧臣 //147

初出真州泛大江作 【宋】欧阳修 //149
戏答元珍 【宋】欧阳修 //151
渔家傲·五月榴花妖艳烘 【宋】欧阳修 //152
沁园春·带湖新居将成 【宋】辛弃疾 //154
浣溪沙·常山道中即事 【宋】辛弃疾 //155
汉宫春·立春日 【宋】辛弃疾 //156
临江仙·和叶仲洽赋羊桃 【宋】辛弃疾 //158
清平乐·检校山园书所见 【宋】辛弃疾 //159
西江月·渔父词 【宋】辛弃疾 //160
柳梢青·三山归途代白鸥见嘲 【宋】辛弃疾 //162
木兰花慢·滁州送范倅 【宋】辛弃疾 //164
汉宫春·会稽秋风亭怀古 【宋】辛弃疾 //165
鹧鸪天·游鹅湖醉书酒家壁 【宋】辛弃疾 //167
破阵子·为陈同甫赋壮词以寄之 【宋】辛弃疾 //169
水调歌头·壬子三山被召陈端仁给事饮饯席上作 【宋】辛弃疾 //170
梦江南·九曲池头三月三 【宋】贺 铸 //172
满江红·清江风帆甚快作此与客剧饮歌之 【宋】范成大 //173
喜晴 【宋】范成大 //175
鄂州南楼 【宋】范成大 //176
晚春田园杂兴·其一（节选） 【宋】范成大 //178
祝英台近·除夜立春 【宋】吴文英 //179
满江红·送李御带珙 【宋】吴 潜 //180
秋日行村路 【宋】乐雷发 //182
摸鱼儿·酒边留同年徐云屋 【宋】刘辰翁 //183
水调歌头·平山堂用东坡韵 【宋】方 岳 //185
蓦山溪·湖平春水 【宋】周邦彦 //187
诉衷情·出林杏子落金盘 【宋】周邦彦 //189

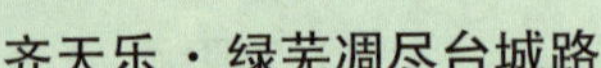

齐天乐·绿芜凋尽台城路 【宋】周邦彦 //190
秋霁·江水苍苍 【宋】史达祖 //192
大有·九日 【宋】潘希白 //194
贺新郎·挽住风前柳 【宋】卢祖皋 //195
沁园春·饯税巽甫 【宋】李曾伯 //197
蓦山溪·自述 【宋】宋自逊 //199
题春江渔父图 【元】杨维桢 //201
渔父词二首·其一 【元】赵孟頫 //202
天净沙·夏 【元】白　朴 //204
沉醉东风·有所感 【元】周德清 //205
普天乐·秋怀 【元】张可久 //207
上小楼·隐居 【元】任　昱 //208
醉高歌·感怀 【元】姚　燧 //209
拨不断·菊花开 【元】马致远 //211
首夏山中行吟 【明】祝允明 //213
立春日感怀 【明】于　谦 //214
鲥鱼 【明】何景明 //215
满庭芳·失鸡 【明】王　磐 //216
暮归山中 【明】蓝　仁 //218
清明呈馆中诸公 【明】高　启 //219
摸鱼儿·送座主德清蔡先生 【清】纳兰性德 //221
摸鱼儿·午日雨眺 【清】纳兰性德 //223
春不雨 【清】王士祯 //224
螃蟹咏 【清】曹雪芹 //227
虞美人·无聊 【清】陈维崧 //228

箜篌引

【三国时期】曹植

置酒高殿上，亲交从我游。
中厨办丰膳，烹羊宰肥牛。
秦筝何慷慨，齐瑟和且柔。
阳阿[①]奏奇舞，京洛出名讴[②]。
乐饮过三爵[③]，缓带倾庶羞。
主称千金寿，宾奉万年酬。
久要不可忘，薄终义所尤。
谦谦君子德，磬折欲何求。
惊风飘白日，光景驰西流。
盛时不再来，百年忽我遒。
生存华屋处，零落归山丘。
先民谁不死，知命复何忧？

【注　释】

①阳阿：古之名倡阳阿善舞，后因以称舞名。

②讴：民歌。

③爵：古代饮酒的器皿，三足，以不同的形状显示使用者的身份。

作者名片

曹植（192—232），字子建，沛国谯（今安徽亳州）人。三国曹魏著名文学家，建安文学代表人物。魏武帝曹操之子，魏文帝曹丕之弟，生前曾为陈王，去世后谥号“思”，因此又称陈思王。后人因他文学上的造诣而将他与曹操、曹丕合称为“三曹”，南朝文学家谢灵运更有“天下才有一石，曹子建独占八斗”的评价。

译 文

好酒佳酿摆放在高殿之上，亲近的友人跟随我一同游玩。内厨做好了丰盛的菜肴，烹制鲜美可口的牛羊肉。秦风的古筝声是多么慷慨激昂，齐地的琴瑟声是那么柔和婉转。还有出自阳阿的奇妙舞蹈，来自京洛的著名歌曲。在歌舞中饮酒过了三杯，我们解开衣带尽情享用了美味佳肴。主人和宾客相互行礼，相互献上最美好的祝福。要谨记旧时结交的朋友不能遗忘，厚始薄终也不与道义相符。那君子躬身而谦逊是因为他美好的品德，并不是有任何的企求。骤起的疾风吹落日头，时间不知不觉已到了傍晚。青春年华不会再来一次，死亡之期已忽然向我迫近。就像花叶虽然生长在华美的庭院之中，飘零之后也要重归于荒芜的山丘。然而从古到今，谁能没有一死？既然知道了命运本该如此，我们还有什么好忧愁的？

赏析

这是一首独具特色的游宴诗。它通过歌舞酒宴上乐极悲来的感情变化，深刻地展示了建安时代特有的社会心理。人生短促的苦闷和建立不朽功业的渴求交织成这首诗的主题，表现出“雅好慷慨”的时代风格。

这首诗的章法巧妙，很见匠心。诗歌在以较多的笔墨描写美酒丰膳、轻歌曼舞、主客相酬的情景之后，笔锋一转，吐露出欲求亲友忧患相济、共成大业的心愿，再转为对人生短促的喟叹，清醒地指出“盛时不再来”。至此，酒宴的欢乐气氛已扫荡一尽，乐极而悲来的心理历程完整地表达出来了，引人回忆起开篇的浓艳之笔、富贵之景，更添几分悲怆之情。如此立意谋篇，称得上是思健功圆了。

悲愁歌

【西汉】刘细君

吾家嫁我兮天一方，远托异国兮乌孙[1]王。
穹庐[2]为室兮旃[3]为墙，以肉为食兮酪为浆。
居常土思兮心内伤，愿为黄鹄[4]兮归故乡。

【注　释】

①乌孙：汉代时西域国名，在今新疆温宿以北、伊宁以南一带。
②穹庐：游牧民族居住的帐篷。
③旃（zhān）：同“毡”。
④黄鹄（hú）：即天鹅。

作者名片

刘细君，西汉沛（今属江苏）人，江都王刘建之女。汉武帝元封年间（前110—前105），册封为公主，出嫁乌孙国王昆莫（猎骄靡），故世称乌孙公主。后昆莫老，其孙岑陬（军须靡）复妻之。《汉书》存其诗一首，即《悲秋歌》。

译　文

大汉王朝把我远嫁，从此和家人天各一方；我的终身寄托于异国他乡的乌孙国王。居住在以毛毡为墙的帐篷里，以肉为食，饮辛酪。我住在这里常常想念家乡，心里十分痛苦。我愿化作黄鹄啊，回我的故乡！

赏析

刘细君是汉武帝的侄孙女，汉武帝为结好乌孙，封刘细君为江都公主，下嫁乌孙国王猎骄靡，是早于昭君出塞的第一位

"和亲公主"。当时的乌孙国王猎骄靡已经年老体弱，而刘细君正值豆蔻年华，加之语言不通，水土不服，习俗不同，刘细君自然是孤苦悲伤，度日如年，分外思亲，故作下《悲愁歌》一诗。此诗以第一人称自诉的形式，表现了公主远嫁异国、思念故土的孤独和忧伤。诗中突出了中原与西域在食宿、文化方面的巨大差异，以化为黄鹄归家的想象与事实上的不可能构成强烈的矛盾冲突，加重了诗歌的悲剧气氛，意蕴深广，耐人寻味。

归园田居·其五

【东晋时期】陶渊明

怅恨独策还①，崎岖历榛曲。
山涧清且浅，可以濯吾足②。
漉我新熟酒③，只鸡招近局④。
日入室中暗，荆薪代明烛。
欢来苦夕短，已复至天旭⑤。

【注　释】

①怅恨：失意的样子。策：指策杖、扶杖。还：指耕作完毕回家。
②濯：洗。濯足：指去尘世的污垢。
③漉：滤、渗。新熟酒：新酿的酒。
④近局：近邻、邻居。
⑤天旭：天明。

作者名片

陶渊明（约365—427），字元亮，晚年更名潜，字渊明，别号五柳先生，私谥靖节，世称靖节先生，浔阳柴桑（今江西九江）人，东晋末到刘宋初的杰出诗人、辞赋家、散文家。陶渊明曾任江州祭酒、建威参军、镇军参军、彭泽县令等职，最末一次出仕为彭泽县令，八十多天便弃职而去，从此归隐田园。他是中国第一位田园诗人，被称为“古今隐逸诗人之宗”，有《陶渊明集》。

译文

我满怀失望地拄杖回家，崎岖的山路上草木丛生。山涧小溪清澈见底，可以用来洗去尘世的污垢。滤好家中新酿的美酒，杀一只鸡来款待邻里。日落西山室内昏暗不明，点燃荆柴来把明烛替代。欢乐时总是怨恨夜间太短，不觉中又看到旭日照临。

赏析

全诗可分作两层。前四句为第一层，集中地描绘了还家路上的情景。后六句为第二层，全力叙述归家之后的一些活动。此篇在组诗中，取材独特，既非描绘田园风光，亦非陈述劳动状况，而是以傍晚直至天明的一段时间里的活动为题材，相当于以今天所谓“八小时以外”的业余生活为内容，来表达他于田园居中欣然自得的生活情境。其视角新颖，另辟蹊径，与前四首连读，可以见出组诗实乃全面深刻地再现出陶渊明辞官归隐初期的生活情景及其心路历程。

立　春

【唐】杜甫

春日春盘[①]细生菜，忽忆两京[②]梅发时。
盘出高门[③]行白玉，菜传[④]纤手送青丝。
巫峡寒江那对眼，杜陵远客[⑤]不胜悲。
此身未知归定处[⑥]，呼儿觅纸一题诗。

【注　释】

①春盘：唐时风俗，立春日食春饼、生菜，称为春盘。
②两京：指长安、洛阳两城。
③高门：指贵戚之家。
④传：经。
⑤杜陵远客：诗人自称。杜陵，指长安东南的杜县，汉宣帝在此建陵，因此称为杜陵。杜甫的远祖杜预是京兆人，杜甫本人又曾经在杜陵附近的少陵住过，所以他自称为杜陵远客、少陵野老。
⑥归定处：欲归两京，尚无定处。

作者名片

杜甫（712—770），字子美，自称少陵野老。举进士不第，曾任检校工部员外郎，故世称杜工部。是唐代最伟大的现实主义诗人，宋以后被尊为“诗圣”，与李白并称“李杜”。其诗大胆揭露当时社会矛盾，对穷苦人民寄予深切同情，内容深刻。许多优秀作品，显示了唐代由盛转衰的历史过程，因此被称为“诗史”。在艺术上，善于运用各种诗歌形式，尤长于律诗；风格多样，而以沉郁为主；语言精练。存诗1400多首，有《杜工部集》。

译文

今日立春，我忽然想起开元、天宝年间那一段太平岁月。那时，东京洛阳和西京长安正是鼎盛之时。

每当立春，高门大户把青丝韭黄盛在白玉盘里，经纤手互相馈送，以尽节日之兴。

如今我流落异地，真不堪面对这眼前的巫峡寒江！昔日之盛和今日之衰，令我这杜陵远客悲不自胜。

天哪！究竟哪里是我的归宿安身之处？为了散淡旅愁，姑且叫儿子找纸来写了这首诗。

赏析

此诗叙写诗人在立春之日回忆往昔两京生活而生发思乡之愁。诗的前两联叙写两京春日景况，后两联抒发晚年客寓夔江之春日感怀。诗人的悲伤之中有倦于羁旅的怀乡之愁，也有对两京繁华不再的家国之悲，亦包含了个人身世之感。此诗反映了诗人杜甫长期漂泊西南的流离之叹，用欢快愉悦的两京立春日的回忆，反衬当下客寓流离生活的愁苦，深沉曲折地表达出对故国的无限眷恋与浓烈的怀乡之愁。

绝句四首·其一

【唐】杜甫

堂西长笋别开门，堑北行椒①却背村。
梅熟许同朱老②吃，松高拟对阮生③论。

【注　释】

①行椒：成行的椒树。

②朱老：与下文的“阮生”都是杜甫在成都结识的朋友，喻指普普通通的邻里朋友。

③阮生：后世常与“朱老”连用成“阮生朱老”或“朱老阮生”作为咏知交的典故。

译　文

厅堂西边的竹笋长得茂盛，都挡住了门头，堑北种的行椒树也郁郁葱葱的，长成一行隔开了邻村。

看到园中将熟的梅子，便想待梅熟时邀朱老一同尝新；看到堂前的松树，便想和阮生在松下谈古论今。

赏析

这首诗先写草堂，举其四景：堂西的竹笋、堑北的行椒、园中的梅子、堂前的松树。诗人处在这远离闹市的幽静环境之中，因看到园中将熟的梅子，便想到待梅熟时邀朱老一同尝新；因看到堂前的松树，便希望和阮生在松荫下尽情地谈古论今。从中可以看出诗人对草堂的爱赏，以及他对生活的朴素要求。他久经奔波，只要有一个安身之地就已经满足了。显然，这首诗虽属赋体却兼比兴，于平淡的写景叙事中寓含着诗人的淡泊心情，以作为组诗之纲。当时杜甫因好友严武再次镇蜀而重返草堂，足证严武在诗人心目中的重要地位，但这里他所想到的草堂的座上宾却不是严武，而是普普通通的朱老和阮生，可见诗人当时的心境和志趣。

绝句漫兴九首·其七

【唐】杜甫

糁径杨花铺白毡[①]，点溪荷叶叠青钱。
笋根雉子[②]无人见，沙上凫[③]雏傍母眠。

【注　释】

①糁（sǎn）：散。

②雉子：雉的幼雏。雉，通称野鸡，性好伏，善走。

③凫：野鸭。

译　文

飘落在小路上的杨花碎片，就像铺开的白毡子，点缀在溪上的嫩荷，像青铜钱似的一个叠着一个。

一只只幼小的山鸡隐伏在竹笋根旁，没有人能看见；河岸的沙滩上，刚出生的小野鸭依偎在母亲身旁安然入睡。

赏析

这一首《漫兴》写了初夏的景色。前两句写景，后两句景中状物，而景物相间相融，各得其妙。这四句诗，一句一景，字面看似乎是各自独立的，一句诗一幅画面；而联系在一起，就构成了初夏郊野的自然景观。细致的观察描绘，透露出作者漫步林溪间时对初夏美妙自然景物的流连欣赏的心情，闲静之中，微寓客居异地的萧寂之感。这四句如截取七律中间二联，双双皆对，又能针脚细密，前后照应。起两句明写杨花、青荷，已寓林间溪边之意，后两句则摹写雉子、凫雏，但也俱在林中沙上。前后关照，互相映衬，于散漫中浑然一体。这首诗刻画细腻逼真，语言通俗生动，意境清新隽永，而又充满深挚淳厚的生活情趣。

野人送朱樱[1]

【唐】杜甫

西蜀樱桃也自红[2]，野人相赠满筠笼[3]。
数回细写愁仍破[4]，万颗匀圆讶许同。
忆昨赐沾门下省[5]，退朝擎出大明宫。
金盘玉箸无消息，此日尝新任转蓬[6]。

【注　释】

①野人：指平民百姓。朱樱：红樱桃。
②也自红：意思是说与京都的一般红。
③筠（yún）笼：竹篮。
④细写：轻轻倾倒。愁：恐怕，担心。
⑤沾：接受恩泽。门下省：官署名。肃宗至德年间杜甫任左拾遗，属门下省。
⑥转蓬：蓬草遇风拔根而旋转，喻身世之飘零。

译　文

西蜀的樱桃原来也是这般鲜红啊，乡野之人送我满满一竹笼。

熟得很透啊，几番细心地移放却还是把它弄破了，令人惊讶的是上万颗樱桃竟然圆得如此匀称而相同。

回想当年在门下省供职时，曾经蒙受皇帝恩赐的樱桃，退朝时双手把它擎出大明宫。

唉！金盘玉箸早已相隔遥远，今日尝新之时，我已漂泊天涯如同转蓬。

赏析

这是一首咏物诗。它以“朱樱”为描写对象，采用今昔对比手法，表达了诗人对供职门下省时的生活细节的深情忆念。这就从内容上增添了生活层面和感情厚度。它使我们看到一个既与劳动群众友善，又对王朝怀有忠爱的诗人的复杂感情。此诗可贵处，就在于能画出一个飘零中的诗人。与此相适应，此诗“终篇语皆遒丽”。樱桃“自红”，野人“相赠”“忆昨赐沾”“退朝擎出”“此日尝新”，都以遒劲取胜。而“细写愁仍破”“匀圆讶许同”，与“金盘玉箸无消息”等，则又显得很明丽。

客　至[1]

【唐】杜甫

舍南舍北皆春水，但见群鸥日日来。
花径不曾缘客扫，蓬门[2]今始为君开。
盘飧市远无兼味[3]，樽酒家贫只旧醅[4]。
肯[5]与邻翁相对饮，隔篱呼取尽余杯。

【注　释】

①客至：客指崔明府，杜甫在题后自注：“喜崔明府相过。”明府，唐人对县令的称呼。相过，即探望、相访。
②蓬门：用蓬草编成的门户，以示房子的简陋。
③市远：离市集远。兼味：多种美味佳肴。无兼味，谦言菜少。
④樽：酒器。旧醅：隔年的陈酒。
⑤肯：能否允许，这是向客人征询。

译文

草堂的南北绿水缭绕、春意荡漾，只见鸥群日日结队飞来。长满花草的庭院小路没有因为迎客而打扫，只是为了你的到来，我家草门首次打开。离集市太远盘中没好菜肴，家境贫寒只有陈酒浊酒招待。如肯与邻家老翁举杯一起对饮，那我就隔着篱笆将他唤来。

赏析

这是一首工整而流畅的七律。前两联写客至，有空谷足音之喜，后两联写待客，见村家真率之情。篇首以"群鸥"引兴，篇尾以"邻翁"陪结。在结构上，作者兼顾空间顺序和时间顺序。从空间上看，从外到内，由大到小；从时间上看，则写了迎客、待客的全过程。衔接自然，浑然一体。但前两句先写日常生活的孤独，从而与接待客人的欢乐情景形成对比。这两句又有"兴"的意味：用"春水""群鸥"意象，渲染了一种充满情趣的生活氛围，流露出主人公因客至而欢欣的心情。

丽人行

【唐】杜甫

三月三日天气新，长安水边多丽人。
态浓意远淑且真[①]，肌理细腻骨肉匀。
绣罗衣裳照暮春，蹙金孔雀银麒麟。

头上何所有？翠微匐叶垂鬓唇[②]。
背后何所见？珠压腰衱稳称身。
就中云幕椒房亲[③]，赐名大国虢与秦。
紫驼之峰出翠釜[④]，水精之盘行素鳞[⑤]。
犀箸厌饫[⑥]久未下，鸾刀缕切空纷纶[⑦]。
黄门飞鞚[⑧]不动尘，御厨络绎送八珍。
箫鼓哀吟感鬼神，宾从杂遝实要津[⑨]。
后来鞍马何逡巡[⑩]，当轩下马入锦茵。
杨花雪落覆白苹，青鸟飞去衔红巾。
炙手可热势绝伦，慎莫近前丞相嗔！

【注　释】

①态浓：姿态浓艳。意远：神气高远。淑且真：淑美而不做作。
②翠微：薄薄的翡翠片。微：一本作“为”。匐叶：一种首饰。鬓唇：鬓边。
③就中：其中。云幕：指宫殿中的云状帷幕。椒房：汉代皇后居室，以椒和泥涂壁。后世因称皇后为椒房，皇后家属为椒房亲。
④紫驼之峰：即驼峰，是一种珍贵的食品。唐贵族食品中有“驼峰炙”。釜：古代的一种锅。翠釜，形容锅的色泽。
⑤水精：即水晶。行：传送。素鳞：指白鳞鱼。
⑥犀箸：犀牛角做的筷子。厌饫：吃得腻了。
⑦鸾刀：带鸾铃的刀。缕切：细切。空纷纶：厨师们白白忙乱一番，贵人们吃不下。
⑧黄门：宦官。飞鞚，即飞马。
⑨宾从：宾客随从。杂遝：众多杂乱。要津：本指重要渡口，这里喻指杨国忠兄妹的家门。
⑩后来鞍马：指杨国忠，却故意不在这里明说。逡巡：原意为欲进不进，这里是顾盼自得的意思。

译　文

三月三日阳春时节天气清新，长安曲江河畔聚集好多美人。
姿态凝重神情高远文静自然，肌肤丰润胖瘦适中身材匀称。

绫花绫罗衣裳映衬暮春风光，金丝绣的孔雀银丝刺的麒麟。
头上戴的是什么珠宝首饰呢？翡翠玉做的花饰垂挂在两鬓。
在她们的背后能看见什么呢？珠宝镶嵌的裙腰多稳当合身。
其中有几位都是后妃的亲戚，里面有虢国和秦国二位夫人。
翡翠蒸锅端出香喷的紫驼峰，水晶圆盘送来肥美的白鱼鲜。
她们捏着犀角筷子久久不动，厨师们快刀细切空忙了一场。
宦官骑马飞驰不敢扬起灰尘，御厨络绎不绝送来海味山珍。
笙箫鼓乐缠绵宛转感动鬼神，宾客随从满座都是达官贵人。
有一个骑马官人是何等骄横，车前下马从绣毯上走进帐门。
白雪似的杨花飘落覆盖浮萍，青鸟飞去衔起地上的红丝帕。
杨家气焰很高权势无与伦比，切勿近前以免丞相发怒斥人！

赏析

这首诗讽刺了杨家兄妹骄纵荒淫的生活，曲折地反映了君王的昏庸和时政的腐败。全诗场面宏大，鲜艳富丽，笔调细腻生动，同时又含蓄不露，诗中无一断语处，却能使人品出言外之意。语极铺排，富丽华美中蕴含清刚之气。虽然不见讽刺的语言，但在惟妙惟肖的描摹中，隐含犀利的匕首，讥讽入木三分。

赠卫八处士[1]

【唐】杜甫

人生不相见，动如参与商。
今夕复何夕，共此灯烛光。

少壮能几时，鬓发各已苍。
访旧[2]半为鬼，惊呼[3]热中肠。
焉知二十载，重上君子堂。
昔别君未婚，儿女忽成行[4]。
怡然敬父执[5]，问我来何方。
问答乃未已[6]，驱儿罗酒浆[7]。
夜雨剪春韭，新炊间黄粱。
主称会面难，一举累十觞。
十觞亦不醉，感子故意长[8]。
明日隔山岳[9]，世事两茫茫。

【注　释】

①卫八处士：名字和生平事迹已不可考。处士：指隐居不仕的人；八，是处士的排行。
②访旧：一作“访问”。
③惊呼：一作“呜呼”。
④成行（háng）：儿女众多。
⑤父执：父亲的执友。执是接的借字，接友，即常相接近之友。
⑥乃未已：一作“未及已”，还未等说完。
⑦驱儿：一作“儿女”。罗：罗列酒菜。
⑧故意长：老朋友的情谊深长。
⑨山岳：指西岳华山。

译　文

人生别离不能常相见，就像西方的参星和东方的商星你起我落。今夜是什么日子如此幸运，竟然能与你挑灯共叙衷情？青春壮健年少岁月能有多少，转瞬间你我都已经两鬓如霜。打听昔日朋友大半都已逝去，我内心激荡不得不连声哀叹。真没想到阔别二十年之后，还能有机会再次来登门拜访。当年分别时你还没有结婚成家，倏忽间你的子女已成帮成行。他们彬彬有礼笑迎父亲挚友，热情地询问我来自什么地方？还

来不及讲述完所有的往事，你就催促儿女快把酒菜摆上。冒着夜雨剪来了青鲜的韭菜，端上新煮的黄米饭让我品尝。你说难得有这个机会见面，开怀畅饮一连喝干了十几杯。十几杯酒我也难得一醉啊，谢谢你对故友的情深意长。明日分别后又相隔千山万水，茫茫的世事真令人愁绪难断。

赏析

此诗作于诗人被贬华州司功参军之后。诗写偶遇少年至交的情景，抒写了人生聚散不定，故友相见格外亲。然而暂聚忽别，却又觉得世事渺茫，无限感慨。开头四句，写久别重逢，从离别说到聚首，亦悲亦喜，悲喜交集；第五至八句，从生离说到死别，透露了干戈离乱、人命危浅的现实；从“焉知”到“意长”十四句，写与卫八处士的重逢聚首以及主人及其家人的热情款待，表达诗人对生活美和人情美的珍视；最后两句写重会又别之伤悲，低回婉转，耐人寻味。全诗平易真切，层次井然。

赠李白

【唐】杜甫

二年客东都，所历厌机巧[①]。
野人对膻腥[②]，蔬食常不饱。
岂无青精饭，使我颜色好。
苦乏大药资[③]，山林迹如扫。
李侯金闺彦[④]，脱身事幽讨。
亦有梁宋游，方期拾瑶草[⑤]。

【注　释】

①历，经过。厌，厌恶。机巧，机智灵巧。
②对，对头，敌手。膻腥：草食曰膻，牛羊之属。水族曰腥，鱼鳖之属。
③苦，因某种情况而感到困难。大药，道家的金丹。
④金闺，金马门的别称，亦指封建朝廷。彦：旧时士的美称。
⑤瑶草：仙草，也泛指珍异之草。

译　文

旅居东都的两年中，我所经历的那些机智灵巧的事情，最使人讨厌。我是个居住在郊野民间的人，但对于发了臭的牛羊肉，也是不吃的，即使常常连粗食都吃不饱。难道我就不能吃青精饭，使脸色长得好一些吗？我感到最困难的是缺乏炼金丹的药物（原材料），在这深山老林之中，好像用扫帚扫过了一样，连药物的痕迹都没有了。您这个朝廷里才德杰出的人，脱身金马门，独去寻讨幽隐。我也要离开东都，到梁宋去游览，到时我一定去访问您。

赏析

《赠李白》是唐代诗人杜甫创作的一首赠别诗，是杜甫所作两首《赠李白》的第一首，为五言古诗。该诗热情讴歌了李白的高洁志向，表达了对污浊尘世的愤恨之情，字里行间充盈着诗人超凡脱俗的高尚情操。诗的前八句为自序境况，后四句是对李白的诉说。虽是赠李白的诗，反倒用了三分之二的篇幅说自己，最后四句才是对李白说的。其实前八句表面是在说自身境况，但其实是在为后四句做铺垫。

岁晏行

【唐】杜甫

岁云暮矣多北风，潇湘洞庭白雪中。
渔父天寒网罟冻，莫徭射雁鸣桑弓[①]。
去年米贵阙军食，今年米贱大伤农。
高马达官厌酒肉，此辈杼轴茅茨空[②]。
楚人重鱼不重鸟，汝休枉杀南飞鸿。
况闻处处鬻男女，割慈忍爱还租庸[③]。
往日用钱捉私铸，今许铅锡和青铜。
刻泥为之最易得，好恶不合长相蒙[④]。
万国城头吹画角，此曲[⑤]哀怨何时终？

【注　释】

①莫徭：湖南的一个少数民族。鸣：弓开有声。桑弓：桑木做的弓。
②此辈：即上渔民、莫徭的猎人们。杼柚：织布机。茅茨：草房。
③割慈忍爱：指出卖儿女。还：交纳。
④好恶：好钱和恶钱，即官钱和私钱。不合：不应当。
⑤此曲：指画角之声，也指他自己所作的这首《岁晏行》。

译　文

年终时候遍地飒飒北风，潇湘洞庭在白皑皑的飞雪中。天寒冻结了渔父的渔网，莫徭人射雁拉响桑弓。去年米贵军粮缺乏，今年米贱却严重地伤农。骑着大马的达官贵人吃厌酒肉，百姓穷得织机、茅屋都扫空。楚人喜欢鱼虾不愿吃鸟肉，你们不要白白杀害南飞的孤鸿。何况听说处处卖儿卖女，来偿还租庸。过去用钱严禁私人熔铸，今天竟允许铅锡中掺和青铜。刻泥的钱模最容易取得，但不应让好钱坏钱长时欺蒙！各地城头都在吹起号角，这样哀怨的曲调几时才能告终？

〔赏析〕

这首诗是诗人在生命的最后三年移家于舟中，漂泊在长江湘水期间所作的。全诗可分五层，前四层各四句，末用二句作结。诗中运用了铺叙和对比的艺术手法，概括了封建社会两种阶级的对立和人民生活在水深火热战乱中的基本面貌，通过描写百姓情况表现了安史之乱后唐代社会人民的苦难生活，表达了诗人浓浓的忧国忧民的情感。

崔氏东山草堂

【唐】杜甫

爱汝[①]玉山草堂静，高秋爽气相鲜新。
有时自发钟磬[②]响，落日更见渔樵[③]人。
盘剥白鸦谷口栗，饭煮青泥坊底芹。
何为西庄王给事，柴门空闭锁松筠[④]。

【注　释】

①爱汝：喜欢到了极致。
②钟磬：指钟、磬之声。
③渔樵：打鱼砍柴。
④松筠：松树和竹子。

译　文

最喜欢玉山草堂的幽静了，秋天时候空气清爽环境一片新鲜。若隐若现的钟声时常响起，夕阳西下渔夫樵农收工归家。野味就吃那打下来的白鸦，就着自家地里种的菜蔬和谷物。为什么要去为国事而忧心呢？这样闭门听松竹的日子不是挺好？

赏析

此诗清新、淡雅，写景描绘得很好，同时也平添诗人的一丝惆怅。全诗写出了东山草堂的幽静、淡泊、与世无争，但同时也是诗人对于国家大事的一种忧愁，一种遁世。杜甫是著名的爱国主义诗人，他一生忧国忧民，关心民情，但政治往往令他失望。所以他也是寓情于此诗。

南陵[1]别儿童入京

【唐】李白

白酒新熟山中归，黄鸡啄黍秋正肥。
呼童烹鸡酌白酒，儿女嬉笑牵人衣。
高歌取醉欲自慰，起舞落日争光辉。
游说万乘苦不早[2]，著鞭跨马涉远道。
会稽愚妇轻买臣[3]，余亦辞家西入秦[4]。
仰天大笑出门去，我辈岂是蓬蒿人[5]。

【注　释】

①南陵：一说在东鲁，曲阜县南有陵城村，人称南陵；一说在今安徽省南陵县。
②万乘（shèng）：君主。周朝制度，天子地方千里，车万乘。后来称皇帝为万乘。苦不早：意思是恨不能早些年头见到皇帝。
③买臣：即朱买臣，西汉会稽郡吴（今江苏省苏州市境内）人。
④西入秦：即从南陵动身西行到长安去。秦：指唐时首都长安，春秋战国时为秦地。
⑤蓬蒿人：草野之人，也就是没有当官的人。蓬、蒿：都是草本植物，这里借指草野民间。

作者名片

李白（701—762），字太白，号青莲居士，又号“谪仙人”，唐代伟大的浪漫主义诗人，被后人誉为“诗仙”，与杜甫并称为“李杜”。其人爽朗大方，爱饮酒作诗，喜交友。李白深受黄老列庄思想影响，有《李太白集》传世，诗作多醉时所写，代表作有《望庐山瀑布》《行路难》《蜀道难》《将进酒》等。

译 文

白酒刚刚酿好时我从山中归来，黄鸡在啄着谷粒秋天长得正肥。呼唤童仆为我炖黄鸡斟上白酒，孩子们嬉笑着牵扯我的布衣。一面高歌，一面痛饮，欲以酣醉表达快慰之情；醉而起舞，闪闪的剑光可与落日争辉。苦于未在更早的时间游说万乘之君，只能快马加鞭奋起直追开始奔远道。会稽愚妇看不起贫穷的朱买臣，如今我也辞家西去长安，只愿青云直上。仰面朝天纵声大笑着走出门去，我怎么会是长期身处草野之人？

赏析

这首诗因为描写了李白生活中的一件大事，对了解李白的生活经历和思想感情具有特殊的意义。正因为诗人自负甚高，其后的失望也就越大。此诗在艺术表现上也有其特点，诗善于在叙事中抒情。诗人描写从归家到离家，有头有尾，全篇用的是直陈其事的赋体，又兼采比兴有正面描写，又有烘托。通过匠心独运一层层把感情推向顶点，最后喷发而出，全诗跌宕多姿，把感情表现得真挚而鲜明。

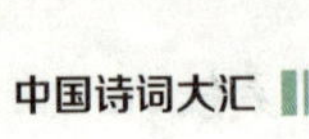

秋下荆门[1]

【唐】李白

霜落荆门江树空[2]，布帆无恙[3]挂秋风。
此行不为鲈鱼鲙[4]，自爱名山入剡中[5]。

【注　释】

①荆门：山名，位于今湖北省宜都市西北的长江南岸，与北岸虎牙山隔江对峙，地势险要，自古即有楚蜀咽喉之称。

②空：指树枝叶落已尽。

③布帆无恙：运用《晋书·顾恺之传》的典故：顾恺之从他上司荆州刺史殷仲堪那里借到布帆，驶船回家，行至破冢，遭大风，他写信给殷仲堪，说："行人安稳，布帆无恙。"此处表示旅途平安。

④鲈鱼鲙：运用《世说新语·识鉴》的典故：西晋吴人张翰在洛阳做官时，见秋风起，想到家乡菰菜、鲈鱼鲙的美味，遂辞官回乡。

⑤剡中：指今浙江省嵊州市一带。

译　文

荆门山秋来霜降，树叶零落眼前空；秋风也为我送行，使我的旅途平安。此次离家远行不是为了口舌之贪，而是为了游览名山大川，因此才想去剡中这个地方。

赏析

此诗写于李白第一次出蜀远游时。诗借景抒情，抒发了作者秋日出游的愉悦心情，也表达了作者意欲饱览祖国山河而不惜远走他乡的豪情与壮志。全诗写景、叙事、议论各具形象，笔势变幻灵活而又自然浑成，风格雍容典雅又不失豪放飘逸，妙用典故而不着痕迹，达到了推陈出新、活泼自然的境界。

宿五松山下荀媪家①

【唐】李白

我宿五松下，寂寥无所欢。
田家秋作苦，邻女夜舂寒②。
跪进雕胡饭③，月光明素盘④。
令人惭漂母，三谢不能餐⑤。

【注释】

①五松山：在今安徽省铜陵市南。媪（ǎo）：老妇人。
②夜舂寒：夜间舂米寒冷。舂：将谷物或药倒进器具进行捣碎破壳。
③跪进：古人席地而坐，上半身挺直，坐在足跟上。雕胡饭：即菰米饭。雕胡：就是“菰”。
④素盘：白色的盘子。一说是素菜盘。
⑤三谢：多次推托。不能餐：惭愧得吃不下。

译文

我寄宿在五松山下的农家，心中感到十分苦闷而孤单。农家秋来的劳作更加辛苦忙碌，邻家的女子整夜在舂米，不怕秋夜的清寒。房主荀媪给我端来菰米饭，盛满像月光一样皎洁的素盘。这不禁使我惭愧地想起了接济韩信的漂母，一再辞谢而不敢进餐。

赏析

这首诗是李白游五松山时，借宿在一位贫苦妇女荀媪家，受到殷勤款待，目睹了农家的辛劳和贫苦有感而作的。此诗诉

说了劳动的艰难，倾诉了自己的感激和惭愧，流露出感人的真挚感情。诗中虽没有直接描写荀媪的词句，但她忠厚善良的形象宛然如见。全诗朴素自然，语言清淡，于不事雕琢的平铺直叙中颇见神韵，在以豪迈飘逸为主的李白诗歌中别具一格。

送当涂赵少府赴长芦[1]

【唐】李白

我来扬都市[2]，送客回轻舠[3]。
因夸楚太子，便观广陵涛。
仙尉赵家玉[4]，英风凌四豪[5]。
维舟至长芦，目送烟云高。
摇扇对酒楼，持袂把蟹螯[6]。
前途倘相思，登岳一长谣。

【注　释】

①赵少府：即赵炎。河北人，天宝（唐玄宗年号，742—756）中任当涂县尉，后任六合县尉。少府，一作“明府”。长芦：唐时在淮南道扬州之六合县南二十五里，即今江苏南京市大厂区长芦镇。

②扬都市：南北朝时期人们对六朝都城的并称。这里指的是“建康”（今南京）。

③舠（dāo）：刀形小船。

④仙尉：典出《汉书·梅福传》。梅福，字子真，九江寿春人。赵家玉：即指赵少府。

⑤四豪：指春秋战国时期的四公子，即魏国的信陵君魏无忌、赵国的平原君赵胜、齐国的孟尝君田文、楚国的春申君黄歇，他们以收养宾客、招致人才著称。

⑥持袂：握住或卷起衣袖。把蟹螯：拿着螃蟹的大螯。

译文

我这次的建康之行，是为送朋友溯江返回归程。他是像当年楚公子听人夸广陵潮水，专程来听涛声。你像汉代仙尉梅福一样，是赵家的宝玉，有出息，英风凌驾于平原君等四豪之上。令人难忘的是停船在长芦。你乘舟到了长芦，尽目之处，烟云辽阔。手把蒲扇，一边摇扇，一边喝金陵美酒，食长江蟹鲜，话离别之情。当你想起我之时，就登高长歌来抒发思念之情。

赏析

从诗的题目和诗的首联可以看出，李白是从南京市内一直将赵炎送到长芦渡口的。但从地理上看两地相距还是很远的，可见李白殷殷之意、依依之情。同时也说明长芦渡口在当时是长江航道上沟通长江南北的一个重要的渡口。从第二联开始，李白连用三个典故，隐讳地表达了他欲起沉疴、救危世的想法，以及对赵炎的赞赏。第三联连用两个典故“仙尉”“四豪”表达了对好友的称赞。第四联交代了送别的地点和天气情况。第五联“摇扇对酒楼，持袂把蟹螯”，意犹未尽的李白拉着朋友的衣袖，欢快地来到长芦街市的酒楼，炎热的天气就像他们的感情一样火热，他们手把蒲扇，一边摇扇，一边喝金陵美酒，食长江蟹鲜，话离别之情。诗的最后一联集中体现李白对告别友人的殷殷之情和豪放气质。他们这一分别不知什么时候才能再次见面，前途顺逆难以预料，但思念是不可避免的，如果什么时候想起了老朋友，就登上高处，向远方吟歌一首，遥寄幽思。十分深情，十分豪放，十分浪漫，“诗仙”的本色表现无遗。

酬中都[1]小吏携斗酒双鱼于逆旅见赠

【唐】李白

鲁酒若琥珀，汶鱼[2]紫锦鳞。
山东豪吏有俊气，手携此物赠远人。
意气相倾两相顾，斗酒双鱼表情素。
双鳃呀呷[3]鳍鬣[4]张，拨剌[5]银盘欲飞去。
呼儿拂几霜刃挥，红肌花落白雪[6]霏。
为君下箸一餐饱，醉著金鞍上马归。

【注　释】

①中都：唐代郡名，治所即今山东汶上县。开元九年，唐改蒲州（今山西永济蒲州）为河中府，建号“中都”。
②汶鱼：一种产于汶水的河鱼，肉白，味美。汶鱼是汶河流域所产的赤鳞鱼，古时用作贡品献给帝王。汶：汶水。汶水离中都二十四里。
③呀呷：吞吐开合貌，形容鱼的两腮翕动。
④鳍（qí）鬣（liè）：鱼的背鳍为鳍，胸鳍为鬣。
⑤拨剌：鱼掉尾声。
⑥白雪：谓剖开的鱼红者如花，白者如雪。

译　文

鲁地的酒色如琥珀，汶水鱼紫鳞似锦。山东小吏豪爽俊逸，提来这两样东西送给客人。二人意气相投，两相顾惜，两条鱼一杯酒以表情意。鱼儿吞吐双鳃，振起鳍鬣，拨剌一声，要从银盘中跳去。唤儿擦净几案挥刀割肉，红的如同花落，白的好似雪飞。为你下箸吃足了酒，着鞍上马，醉醺醺地归去。

赏析

这首诗记述诗人在浪迹江湖的旅途中，收到中都一小吏赠送的酒、鱼，便豪兴大发，烹鱼煮酒，二人对酌，直到酒酣饭饱，才“醉著金鞍上马归”。李白自离开长安后，饱览世态之炎凉，备尝势利小人的鄙视。困窘之时，素昧平生的中都小吏能毅然冲破世俗樊篱，“携斗酒双鱼于逆旅”拜访李白，更显其心灵之美。同时通过揭露小吏的位卑与心灵的高洁之间所存在的矛盾，控诉摧残人才的封建社会。另外，此诗写鱼酒活灵活现，跃然纸上，而李白豪爽坦诚、热情待人的音容笑貌，也宛然在目。

赠闾丘处士①

【唐】李白

贤人有素业，乃在沙塘陂②。
竹影扫秋月，荷衣落古池。
闲读山海经，散帙③卧遥帷。
且耽田家乐，遂旷林中期。
野酌劝芳酒，园蔬烹露葵④。
如能树桃李，为我结茅茨⑤。

【注　释】

①闾丘处士：李白友人，复姓闾丘，名不详，曾为宿松县令。
②沙塘陂（bēi）：地名。陂：水边。
③散帙（zhì）：打开书卷。
④露葵：莼菜。
⑤茅茨：茅草盖的屋顶。此指茅屋。

译　文

贤人你在沙塘陂，有先世遗传的产业。竹影扫荡着秋天如水的月光，荷叶已凋零落满古池。闲暇时高卧遥帷，打开书帙读读《山海

经》，神驰四海。喜欢这种田家之乐，所以耽误了去山林隐居的约定。在田野小酌赏花劝芳酒，折些园里的蔬菜与露葵一起烹食。如果再栽些桃李树，再为我盖几间茅屋就最好不过。

赏析

这首诗，描绘出一幅充满农家乐的美丽画卷，同时也反映了诗人对自由的渴望和对美好生活的向往。但好景不长，公元 757 年（至德二载）十二月，李白终被判罪长流，流放夜郎（今贵州桐梓）。据传，李白离开宿松时，闾丘处士送行至南台山下，在一小岭为李白饯别，后人名为“饯客岭”。

送湖南李正字①归

【唐】韩愈

长沙入楚深，洞庭值秋晚。
人随鸿雁少②，江共蒹葭③远。
历历余所经，悠悠④子当返。
孤游怀耿介，旅宿梦婉娩⑤。
风土稍殊音，鱼虾日异饭⑥。
亲交俱在此，谁与同息偃⑦。

【注　释】

①李正字：名础，官秘书省正字。贞元十九年进士，元和初为秘书省正字。
②鸿雁少：相传北雁南飞至衡山回雁峰止。再往南去的人少了，鸿雁也少了。
③蒹（jiān）葭（jiā）：芦苇。
④悠悠：路途遥远貌。

⑤婉娩：依恋之情。
⑥日异饭：饭食也变样了。
⑦息偃（yǎn）：休息。

作者名片

韩愈（768—824），字退之，河南河阳（今河南孟州）人，自称“祖籍昌黎郡”，世称“韩昌黎”“昌黎先生”。唐代中期大臣，文学家、思想家、政治家，秘书郎韩仲卿之子。韩愈作为唐代古文运动的倡导者，名列“唐宋八大家”之首，有“文章巨公”和“百代文宗”之名。与柳宗元并称“韩柳”，与柳宗元、欧阳修和苏轼并称“千古文章四大家”。倡导“文道合一”“气盛言宜”“务去陈言”“文从字顺”等写作理论，对后人具有指导意义。著有《韩昌黎集》等。

译文

长沙在楚地的深部，洞庭湖这时正是深秋。断鸿零雁随着归人的南行愈来愈少，江边的芦苇却长得茂密邈远。你所走的这条路，记得清清楚楚都是我经过的，路途已经很远了，你也该回来了。你孤游远行省亲，为人正直，希望你路途平安，睡得香甜。随着南去的路远去，风土、方言方音也不同了、饭食也越来越不同了。你的亲友都在河南，到长沙后同谁在一起生活呢？

赏析

这是一首浅白中含深情、平直中寓奇崛的诗。初看此诗，颇感清新淡泊，风神邈远。诗人对友人的殷殷之情，通过对山川景物和风土人情的描绘，徐徐荡漾而出，可感可亲。这似与韩愈宏放奇伟的风格不大一致。但细味此诗，却

可以发现，它的结构也颇奇特。诗人在河南，送友人归湖南故乡，不是从河南的此时此地写起，而是一反常规，从湖南的彼时彼地着笔，而且用十句的大半篇幅来主要描写彼时彼地，仅最后两句才写送别的此情此景，点明题旨，着法甚奇。因而，诗人是突破了常轨旧格，奇构异想。

山石

【唐】韩愈

山石荦确行径微①，黄昏到寺蝙蝠飞。
升堂坐阶新雨足，芭蕉叶大栀子肥。
僧言古壁佛画好，以火来照所见稀②。
铺床拂席置羹饭，疏粝亦足饱我饥③。
夜深静卧百虫绝，清月出岭光入扉④。
天明独去无道路，出入高下穷烟霏⑤。
山红涧碧纷烂漫，时见松枥皆十围。
当流赤足踏涧石，水声激激风吹衣。
人生如此自可乐，岂必局束为人鞿⑥？
嗟哉吾党二三子，安得至老不更归。

【注　释】

①荦确（luò què）：指山石险峻不平的样子。行径：行下次的路径。微：狭窄。
②稀：依稀，模糊，看不清楚。一作“稀少”解。所见稀：即少见的好画。
③疏粝（lì）：糙米饭。这里是指简单的饭食。饱我饥：给我充饥。
④清月：清朗的月光。出岭：指清月从山岭那边升上来。扉（fēi）：门。光入扉：指月光穿过门户，照进室内。

⑤出入高下：指进进出出于高高低低的山谷径路意思。霏：氛雾。穷烟霏：空尽云雾，即走遍了云遮雾绕的山径。

⑥局束：拘束，不自由的意思。鞿(jī)：马的缰绳。这里作动词用，即牢笼、控制的意思。

译 文

山石峥嵘险峭，山路狭窄像羊肠，蝙蝠穿飞的黄昏，来到这座庙堂。登上庙堂坐台阶，刚下透雨一场，经雨芭蕉枝粗叶大，山栀更肥壮。僧人告诉我说，古壁佛画真堂皇，用火把照看，迷迷糊糊看不清。为我铺好床席，又准备米饭菜汤，饭菜虽粗糙，却够填饱我的饥肠。夜深清静好睡觉，百虫停止吵嚷，明月爬上了山头，清辉泻入门窗。天明我独自离去，无法辨清路向，出入雾霭之中，我上下摸索踉跄。山花鲜红涧水碧绿，光泽又艳繁，时见松栎十围粗，郁郁又苍苍。遇到涧流当道，光着脚板踏淌石，水声激激风飘飘，掀起我的衣裳。人生在世能如此，也应自得其乐，何必受到约束，宛若被套上马缰？哎呀，我那几个情投意合的伙伴，怎么能到年老，还不再返回故乡？

赏析

这首诗为传统的记游诗开拓了新领域，它汲取了山水游记的特点，按照行程的顺序逐层叙写游踪。然而却不像记流水账那样呆板乏味，其表现手法是巧妙的。此诗虽说是逐层叙写，但经过严格的选择和经心的提炼。如从“黄昏到寺”到就寝之前，实际上的所经所见所闻所感当然很多，但摄入镜头的，却只有“蝙蝠飞”“芭蕉叶大栀子肥”寺僧陪看壁画和“铺床拂席置羹饭”等殷勤款待的情景，因为这体现了山中的自然美和人情美，跟“为人鞿”的幕僚生活相对照，使诗人萌发了归耕或归隐的念头，是结尾“主题歌”所以形成的重要根据。关于夜宿和早行，所摄者也只是最能体现山野的自然美和自由生活的那些镜头，同样是结尾的主题得以形成的重要根据。

题张十一旅舍三咏·葡萄

【唐】韩愈

新茎未遍半犹枯[①]，高架支离[②]倒复扶。
若欲满盘堆马乳[③]，莫辞添竹引[④]龙须[⑤]。

【注 释】

①半犹枯：指老枝于新芽刚出时的状态。
②支离：松散歪斜，指葡萄枝条杂乱的攀络状。
③马乳：葡萄中的一个优良品种。
④引：牵引，引导。
⑤龙须：比喻葡萄卷曲的藤蔓。葡萄茎上会长出须状丝。

译 文

葡萄新抽的芽尚未长全一半还如枯木，高高葡萄架子松散歪斜倒了又被扶起。如果要想秋天餐盘中堆满美味的马乳葡萄，就不要推辞，应该增加竹竿扎牢架子牵引龙须。

赏析

“新茎未遍半犹枯，高架支离倒复扶”，写旅舍中的葡萄树经过人们的照顾后正待生长之状。春夏之交，葡萄树上新的枝叶开始生长，但仍未完全复苏，尚有一半的茎条是干枯的。有人为其搭起了高高的架子，又将垂下的枝条扶上去。后二句“若欲满盘堆马乳，莫辞添竹引龙须”，要在葡萄架子上多加竹条，扩大修缮，将葡萄的枝蔓引好。诗人希望种葡萄之人能对这株葡萄多加培育，让它结出丰硕的果实。

这首诗通过描绘葡萄生长之态，表达自己仕途困顿、渴望有人援引的心情。托物言志，咏物与言志融为一体，表面写葡萄，实际是表达自己谪居后的希冀。

田家三首·其二

【唐】柳宗元

篱落隔烟火[①]，农谈四邻夕。
庭际秋虫鸣[②]，疏麻方寂历[③]。
蚕丝尽输税，机杼空倚壁。
里胥夜经过，鸡黍事[④]筵席。
各言官长峻，文字多督责[⑤]。
东乡后租期[⑥]，车毂陷泥泽。
公门少推恕[⑦]，鞭朴恣狼藉。
努力慎经营，肌肤真可惜。
迎新在此岁[⑧]，唯恐踵前迹。

【注　释】

①篱落：篱笆。烟火：指人家。
②庭际：院落边。虫：一作“蛩”。
③疏麻：麻名，这里泛指一般的苎麻。方：正。寂历：寂静。
④事：备办。
⑤文字：指文书。督责：督促，责备。
⑥后租期：延误了交税的期限。
⑦公门：官府。少推恕：很少酌情宽恕。
⑧迎新：迎接新谷登场。在此岁：在这个时候。

作者名片

柳宗元（773—819），字子厚，唐代河东（今山西运城）人，杰出的诗人、哲学家、儒学家、成就卓著的政治家，唐宋八大家之一。著名作品有《永州八记》等600多篇文章，经后人辑为30卷，名为《柳河东集》。因为他是河东人，人称柳河东，又因终于柳州刺史任上，又称柳柳州。柳宗元与韩愈同为中唐古文运动的领导人物，并称“韩柳”。在中国文化史上，其诗、文成就均极为杰出，可谓难分轩轾。

译文

烟火人家篱笆隔，相聚黄昏来谈白。
院边秋蝉叽叽叫，无风苎麻正寂寂。
收下蚕丝尽交税，空留布机斜倚壁。
乡村小吏夜到来，杀鸡煮饭备筵席。
都说官长心真狠，常有文书来责督。
车陷泥潭不能出，东乡交租稍延误。
官府从来不宽恕，肆意鞭打血肉糊。
千万备好田租赋，免得皮肉也受苦。
交纳新税就在即，唯恐重蹈东乡路。

赏析

这首诗通过具体的事例真实而深刻地揭露了封建官吏为催租逼税而威胁恫吓直至私刑拷打农民的种种罪行，从而反映了广大农民在封建暴政下的痛苦生活。这首诗前六句写农民在完

成夏税的征敛中被封建官府剥削一空的情景，次十句写里胥在催租时对农民的敲诈勒索和威胁恫吓的情景，后二句写农民听了里胥的一席威胁话语后所产生的恐惧心理。

田家三首·其三

【唐】柳宗元

古道饶蒺藜，萦回古城曲①。
蓼花被堤岸，陂水寒更绿②。
是时收获竟，落日多樵牧。
风高榆柳疏，霜重梨枣熟。
行人③迷去住，野鸟竞栖宿。
田翁笑相念，昏黑慎原陆④。
今年幸少丰，无厌饘与粥。

【注　释】

①饶：盛多。曲：角落。
②蓼花：一年生草本植物，多生长在水边或湿地。被：遮盖。绿：一作“渌”，澄清。
③行人：指诗人自己。
④念：关心。原陆：高而平的地面。

译　文

路上蒺藜满眼生，弯曲缠绕古城壁。
蓼花覆盖塘堤岸，池中之水更清绿。
此时秋收已完毕，樵夫牧童日暮归。
寒风劲吹柳叶稀，霜下梨枣已透熟。

行路之人迷归路，野鸟竞相寻归宿。
田家老人笑留我，黑夜行路要谨慎。
幸亏今年收成好，不用担心没得粥。

赏析

这首诗前八句描绘的是秋收后农村的景象，后六句则是描绘诗人因迷路在农家借宿的经过。这首诗用非常朴素的语言刻画了一位淳朴可敬的田翁老人形象，反映了诗人和农民亲密无间的关系。

南中[①]荣橘柚

【唐】柳宗元

橘柚怀贞质[②]，受命此炎方[③]。
密林耀朱绿[④]，晚岁有余芳[⑤]。
殊风限清汉[⑥]，飞雪滞故乡。
攀条何所叹，北望熊与湘[⑦]。

【注　释】

①南中：泛指我国南方。荣：茂盛。橘柚：生长于我国南方的两种常绿乔木，花白，树有刺，果实球形或扁圆形，果皮红黄或淡黄，两种树很相似，但又有区别，如柚树叶阔实大等。古人橘柚连用者，往往仅指橘。
②贞质：坚定不移的本质。
③受命：受大自然的命令。炎方：南方，此谓永州。
④朱绿：指橘柚树的果实和叶子红绿相映。
⑤余芳：橘柚的果实到了年末还散发出香味。
⑥殊风：指长江南北土风各异。清汉：银河，借指淮河，传说橘至淮北就变成了枳。
⑦熊与湘：熊，熊耳山，在河南卢氏县南；湘，湘山，一名艑山，即现在的君山，在洞庭湖中。

译文

橘柚怀有坚贞的品性，受自然的使命生长在炎热的南方。茂密的林中，叶绿下耀眼的是那橙黄的果子，成熟的果实在岁末还散发阵阵芳香。不同的品质以淮河为界，漫天飞舞的雪花滞留在北国故乡。手攀橘柚枝条叹息什么呢？双目凝望着北面的熊湘两山。

赏析

诗的前面四句对橘柚进行热情赞颂。“橘柚怀贞质，受命此炎方。”开头两句化用屈原《橘颂》里的诗句：“后皇嘉树，橘来服兮。受命不迁，生南国兮。深固难徙，更壹志兮。”橘柚生长在南方，就适应了这里的水土，不能迁移，像是接受上天的使命；它们始终保持着坚贞不屈的节操和坚韧不拔的精神。“密林耀朱绿，晚岁有余芳。”三、四句从上面两句对橘柚内质的赞美转到对外形的描绘。果实成熟的季节，金黄的橘子在密密的树叶里显露出来，红绿相映，色彩斑斓，特别耀眼。橘柚四季常青，郁郁葱葱，不怕严寒，经冬不衰，到一年将尽的时候还散发出香味。

橘柚受命江南，不可北移，可作者受命之地本在北方。诗的后面四句，由橘柚的“受命不迁”引发自己被迫南来的感慨。“殊风限清汉，飞雪滞故乡。”由于地理的原因，长江南北气候不同，风俗有异。千里冰封、万里雪飘的现象只有北方的故乡才有。柳宗元出生并长期生活在长安，那里本是自己的出生之地，是自己踏上人生道路、实现济世抱负的用武之地。他也像橘柚一样，具有受命不迁的品性，可自己却不能像橘柚那样生活在原来的出生之地，而被贬谪至“风俗绝不相同”的南蛮之地。“攀条何所叹，北望熊与湘。”在思归不能、万般无奈之中，只能手攀橘柚枝条凝望长江边的熊耳山和湘山发出声声叹息。故乡只可望不可即，让我们看到了作者一种长久积郁心中的不平和怨愤。

积雨辋川庄作[1]

【唐】王维

积雨空林烟火迟，蒸藜炊黍饷东菑[2]。
漠漠水田飞白鹭，阴阴夏木啭黄鹂[3]。
山中习静观朝槿[4]，松下清斋折露葵[5]。
野老与人争席罢[6]，海鸥何事更相疑。

【注　释】

①积雨：久雨。辋（wǎng）川庄：即王维在辋川的宅第，在今陕西蓝田终南山中，是王维隐居之地。

②藜（lí）：一年生草本植物，嫩叶可食。黍（shǔ）：谷物名，古时为主食。饷东菑（zī）：给在东边田里干活的人送饭。饷：送饭食到田头。菑：已经开垦了一年的田地，此泛指农田。

③阴阴：幽暗的样子。夏木：高大的树木，犹乔木。夏：大。啭（zhuàn）：小鸟宛转的鸣叫。鸟的宛转啼声。黄鹂：黄莺。

④槿（jǐn）：植物名。落叶灌木，其花朝开夕谢。古人常以此物悟人生枯荣无常之理。其花早开晚谢。故以此悟人生荣枯无常之理。

⑤清斋：谓素食，长斋。露葵：经霜的葵菜。葵为古代重要蔬菜，有“百菜之主”之称。

⑥野老：村野老人，此指作者自己。争席罢：指自己要隐退山林，与世无争。

作者名片

王维（701—761，一说699—761），字摩诘，号摩诘居士，河东蒲州（今山西运城）人，祖籍山西祁县，唐朝诗人。唐肃宗乾元年间任尚书右丞，故世称“王右丞”。王维参禅悟理，学庄信道，精通诗、书、画、音乐等，以诗名盛于开元、天宝间，尤长五言，多咏山水田园，与孟浩然合称“王孟”，有“诗佛”之称。书画特臻其妙，后人推其为南宗山水画之祖。著有《王右丞集》《画学秘诀》，存诗约400首。

译文

连日雨后，树木稀疏的村落里炊烟冉冉升起。烧好的粗茶淡饭是送给村东耕耘的人。广阔平坦的水田上一行白鹭掠空而飞；田野边繁茂的树林中传来黄鹂宛转的啼声。我在山中修身养性，观赏朝槿晨开晚谢；在松下吃着素食，和露折葵不沾荤腥。我已经是一个从追名逐利的官场中退出来的人，而鸥鸟为什么还要猜疑我呢？

赏析

这首七律，形象鲜明，意味深远，表现了诗人隐居山林、脱离尘俗的闲情逸致，是王维田园诗的代表作。首联写田家生活，是诗人山上静观所见。颔联写自然景色，同样是诗人静观所得。颈联是说，我在山中修身养性，观赏朝槿晨开暮谢；在松下吃着蔬食，和露折葵不沾荤腥。尾联是说，我已经是一个从追逐名利的官场中退出来的人，而鸥鸟为什么还要猜疑我呢？抒写诗人淡泊自然的心境。

洛阳女儿行

【唐】王维

洛阳女儿对门居，才可颜容[①]十五余。
良人玉勒乘骢马，侍女金盘脍鲤鱼。
画阁朱楼尽相望，红桃绿柳垂檐向。
罗帷送上七香车，宝扇[②]迎归九华帐。

狂夫[3]富贵在青春，意气骄奢剧季伦[4]。
自怜碧玉亲教舞，不惜珊瑚持与人。
春窗曙灭九微火[5]，九微片片飞花琐[6]。
戏罢曾无理曲时[7]，妆成只是熏香坐。
城中相识尽繁华，日夜经过赵李家[8]。
谁怜越女[9]颜如玉，贫贱江头自浣纱。

【注　释】

①才可：恰好。颜容：一作“容颜”。
②宝扇：古代贵妇出行时遮蔽之具，用鸟羽编成。
③狂夫：犹“拙夫”，古代妇女自称其夫的谦词。
④剧：戏弄。季伦：晋石崇，字季伦，家甚豪富。
⑤九微火：汉武帝供王母使用的灯，这里指平常的灯火。
⑥片片：指灯花。花琐：指雕花的连环形窗格。
⑦曾无：从无。理：温习。
⑧赵李家：汉成帝的皇后赵飞燕、婕妤李平。这里泛指贵戚之家。
⑨越女：指春秋时期越国美女西施。越，这里指今浙东。

译　文

洛阳有一位女子住在我家对门，正当十五六的芳年容颜非常美丽。她的丈夫骑一匹青白相间的骏马，马具镶嵌着珍贵的美玉。她的婢女捧上黄金做的盘子，里面盛着烹制精细的鲤鱼。她家彩绘朱漆的楼阁一幢幢遥遥相望，红桃绿柳在廊檐下排列成行。她乘坐的车子是用七种香木做成，绫罗的帷幔装在车上。仆从们举着羽毛的扇子，把她迎回绣着九花图案的彩帐。她的丈夫青春年少正得志，骄奢更胜过石季伦。他亲自教授心爱的姬妾学习舞蹈，名贵的珊瑚树随随便便就送给别人。他们彻夜寻欢作乐，窗上现出曙光才熄去灯火，灯花的碎屑片片落在雕镂的窗棂。她成天嬉戏游玩，竟没有温习歌曲的空暇，打扮得整整齐齐，只是熏着香成天闲话。相识的全是城中的豪门大户，日夜来往的都是些贵戚之家。有谁怜惜貌美如玉的越女，身处贫贱，只好在江头独自洗纱。

赏析

在封建社会中，有一种很普遍的社会现象：小家女子一旦嫁给豪门阔少，便由贫贱之身一跃而为身价百倍的贵妇人，恃宠享乐，娇贵异常；而不遇之女，即使美颜如玉，亦不免终生沦于贫贱境地。此诗所写，盖为此而发，而其所蕴含的意义却超越了诗中所写事实本身，从而使这首诗的诗意具有了很大的外延性。或谓感伤君子不遇，或谓讥刺依附权贵的封建官僚，或谓慨叹人生贵贱的偶然性，都能讲得通。

全诗可分为两部分。前十八句为第一部分，构成了这首诗的主体，塑造了因遇而骤得富贵的“洛阳女儿”这一艺术形象。诗的最后两句为第二部分。诗人把笔锋猛地一转，描绘出一幅貌似孤立实则与上文融合为一的越女浣纱的画面。“谁怜”二字，一贯到底，造成快速的节奏和奔流的诗意，表达了诗人对不遇者的深切同情。其中也不乏感愤不平之气。

饭覆釜山僧[1]

【唐】王维

晚知清净[2]理，日与人群疏。
将候远山僧，先期扫弊庐。
果从云峰里，顾我蓬蒿居。
藉草饭松屑[3]，焚香看道书。
燃灯昼欲尽，鸣磬夜方初。
一悟寂为乐，此生闲有余。
思归何必深，身世[4]犹空虚。

【注　释】

①饭：施饭食给人。覆釜山：山的名字，有此名的山不止一处，一说是荆山，在今河南灵宝，一说在长安。
②清净：佛家用语，指远离恶性和烦恼。
③松屑：松子，松树的果实。一说为松花。
④身世：指人生和世间。

译　文

晚上知道了清净的佛理，白天便远离人群。等着远方覆釜山的僧人，预先打扫自己的房子。僧人们从云峰中降临，来到我的杂乱的居所。我们坐在铺草上吃松果，点燃香炉观看佛经。燃着灯白天将要结束，敲起磬夜晚刚刚开始。一旦悟到了寂灭的快乐，这一生都觉闲余安宁。也不必再想归隐了，人生和世间都是空虚的。

赏析

全诗共十四句。开头的四句，是自写，写自己饭僧前的忙碌。饭僧成为王维晚年生活的一个重要组成部分，而今日，他所迎的是远道而来的高僧，故而特别地殷勤而隆重。“先期扫弊庐”，诗人提前打扫房屋，就为了等候这些远行而来的僧人。中间六句，写“云峰里”来的高僧。覆釜山的高僧们终于被盼来了。这些僧人们果然不同凡俗，他们的物质需求极低，却异常的虔诚，也异常的专注，除了看道书、诵佛经外，连自己的存在也忘记了。最后四句是写禅悟。“一悟寂为乐，此生闲有余”二句，写其彻悟。诗人在与高僧们的交流中，享受空门、山林的幽寂之乐。

黄台[1]瓜辞

【唐】李贤

种瓜黄台下，瓜熟子离离[2]。
一摘使瓜好，再摘使瓜稀。
三摘犹自可[3]，摘绝抱蔓[4]归。

【注 释】

①黄台：台名，非实指。
②离离：形容草木繁茂。
③自可：自然可以，还可以。
④蔓（màn）：蔓生植物的枝茎，木本曰藤，草本曰蔓。

作者名片

李贤（655—684），字明允，唐高宗李治第六子，武则天第二子，系高宗时期所立的第三位太子，后遭废杀。著有《君臣相起发事》《春宫要录》《修身要览》等书，今已佚失。

译 文

黄台下种着瓜，瓜成熟的季节，瓜蔓上就长了很多瓜。摘去一个瓜可使其他瓜生长得更好。再摘一个瓜就看着少了。要是摘了三个，可能还会有瓜，但是把所有的瓜都摘掉，就只剩下瓜蔓了。

赏析

这首诗形式上为乐府民歌，语言自然朴素，寓意也十分浅显明白。以种瓜摘瓜做比喻，讽谏生母武则天切勿为了政治上的需要而伤残骨肉，伤害亲子。开始两句描写种瓜黄台下，果实累累。诗人者使用"离离"这一叠词，简括而又形象鲜明地点染出瓜熟时长长悬挂在藤蔓上的一派丰收景象。接着写出"一摘使瓜好，再摘使瓜稀"的植物生长的自然规律。一个"好"一个"稀"，言简意赅，形象鲜明，对比强烈，深刻地

揭示出事物生长变化的辩证规律，于轻描淡写中寄托了诗人的深远用意。“三摘犹自可”使用让步修辞手法，以突出“摘绝抱蔓归”的可悲结局。诗人的原意是借以对武后起到讽喻规劝作用，希望她做事留有余地，切勿对亲子一味猜忌、过度杀戮，否则，犹如摘瓜，一摘、再摘，采摘不已，最后必然是无瓜可摘，抱着一束藤蔓回来。

过故人庄①

【唐】孟浩然

故人具鸡黍②，邀我至田家。
绿树村边合，青山郭外斜。
开轩面场圃，把酒话桑麻③。
待到重阳日，还来就菊花④。

【注　释】

①过：拜访。故人庄：老朋友的田庄。庄，田庄。

②具：准备，置办。鸡黍：指农家待客的丰盛饭食。黍（shǔ）：黄米，古代认为是上等的粮食。

③话桑麻：闲谈农事。桑麻：桑树和麻。这里泛指庄稼。

④就菊花：指饮菊花酒，也是赏菊的意思。就，靠近，指去做某事。

作者名片

孟浩然（689—740），名浩，字浩然，号孟山人，襄州襄阳（今湖北襄阳）人，唐代著名的山水田园派诗人，世称“孟襄阳”。因他未曾入仕，又称之为“孟山人”。孟诗绝大部分为五言短篇，多写山水田园和隐居的逸兴以及羁旅行役的心情。其中虽不无愤世嫉俗之词，而更多属于诗人的自我表

现。孟浩然的诗在艺术上有独特的造诣，后人把孟浩然与盛唐另一山水诗人王维并称为“王孟”，有《孟浩然集》三卷传世。

译文

老朋友准备丰盛的饭菜，邀请我到他田舍做客。翠绿的树林围绕着村落，一脉青山在城郭外隐隐横斜。推开窗户面对谷场菜园，共饮美酒，闲谈农务。等到九九重阳节到来时，我还要来这里观赏菊花。

赏析

这是一首田园诗，描写农家恬静闲适的生活情景，也写老朋友的情谊。通过写田园生活的风光，写出作者对这种生活的向往。全文十分押韵。诗由“邀”到“至”到“望”又到“约”一径写去，自然流畅。语言朴实无华，意境清新隽永。作者以亲切省净的语言，如话家常的形式，写了从往访到告别的过程。其写田园景物清新恬静，写朋友情谊真挚深厚，写田家生活简朴亲切。

全诗描绘了美丽的山村风光和平静的田园生活，用语平淡无奇，叙事自然流畅，没有渲染的雕琢的痕迹，然而感情真挚，诗意醇厚，有“清水出芙蓉，天然去雕饰”的美学情趣，从而成为自唐代以来田园诗中的佳作。

送客之江宁①

【唐】韩翃

春流送客不应赊，南入徐州②见柳花。
朱雀桥边看淮水③，乌衣巷里问王家④。
千闾万井⑤无多事，辟户开门向山翠。

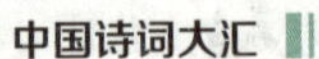

楚云朝下石头城[6]，江燕双飞瓦棺寺[7]。
吴士风流[8]甚可亲，相逢嘉赏日应新。
从来此地夸羊酪[9]，自有莼羹定却人。

【注　释】

①江宁：县名，治所在今南京市，秦淮河贯穿全境。
②徐州：此指古南徐州，与江宁同属润州。
③朱雀桥：横跨秦淮河上，东晋时王导、谢安等豪门巨宅多在其附近。淮水：水名，其纵贯今南京市部分称秦淮河。
④乌衣巷：在今南京市秦淮河南。东晋时王谢等望族亦居此。王家：即王导家。
⑤闾：原指里巷里的门，此处代指城市。井：田地，此处代指乡下。
⑥石头城：古城名，故城在今南京市清凉山。城负山面江，南临秦淮河。六朝时为建康军事重镇。
⑦瓦棺寺：亦名瓦官寺，在故金陵凤凰台。寺有瓦官阁，高二十五丈。
⑧吴士：江宁古属吴国，故称当地读书人为吴士。风流：即洒脱放逸，风雅潇洒。
⑨此：一作“北”。羊酪：用羊乳制成的一种食品。

作者名片

韩翃，字君平，南阳（今河南南阳）人，唐代诗人，是“大历十才子”之一。天宝十三载（754）考中进士，宝应年间在淄青节度使侯希逸幕府中任从事，后随侯希逸回朝，闲居长安十年。建中年间，因作《寒食》诗被唐德宗赏识，因而被提拔为中书舍人。韩翃诗笔法轻巧，写景别致，在当时传诵很广。

译　文

春江流水，你载着友人的小舟远去赴任，你不要迟滞；友人你乘舟南下，途经徐州，你可观赏到那里漫天飞扬的柳絮。江宁城中，朱雀桥畔，你可以静看那千年流淌的秦淮河水；悠悠乌衣巷中，你可以探访旧时王谢大家。城里乡下皆无多少事，老百姓安居乐业，一片悠闲；打开门窗，就可看见对面苍翠的青山。江宁城中，朝霞红艳满天；瓦棺寺

旁，江上燕子双飞，一派恬然。吴地才子，风流倜傥，平易近人，与之相遇，自是高谈阔论，相见恨晚，岁月也因之日日变新。从来北方夸赞羊酪味美，其实江南的莼羹才更加可人。

赏析

此诗写诗人送客前往江宁，先写送行时节，客人途经路线；接着再写江宁名胜古迹、山川景色、风土人情及友人到任后政绩清明等，劝慰友人欣然赴任，诗中暗赞了友人的高雅。全诗语言繁富，然内容较为空疏，乃应酬之作。

轻肥[1]

【唐】白居易

意气骄满路，鞍马光照尘。
借问何为者，人称是内臣。
朱绂[2]皆大夫，紫绶或将军。
夸赴军中宴，走马去如云。
尊罍溢九酝[3]，水陆罗八珍[4]。
果擘洞庭橘，脍切[5]天池鳞。
食饱心自若[6]，酒酣气益振。
是岁江南旱，衢州[7]人食人。

【注　释】

①轻肥：代指达官贵人的奢华生活。
②朱绂（fú）：与下一句的“紫绶”都指丝织绳带，只有高官才能用。
③樽罍溢九酝：樽罍指陈酒的器皿。九酝：美酒名。

④水陆罗八珍：水产陆产的各种美食。
⑤脍切：将鱼肉切做菜。天池鳞：大海的鱼。
⑥心自若；心里自在很舒服。
⑦衢州：唐代州名，今属浙江。

作者名片

白居易（772—846），字乐天，号香山居士，又号醉吟先生，祖籍太原，到其曾祖父时迁居下邽，生于河南新郑。白居易是唐代伟大的现实主义诗人，唐代三大诗人之一。白居易与元稹共同倡导新乐府运动，世称“元白”，与刘禹锡并称“刘白”。白居易的诗歌题材广泛，形式多样，语言平易通俗，有“诗魔”和“诗王”之称。有《白氏长庆集》传世。

译文

骄纵飞扬的意气充满整条道路，鞍马的光亮照得见细小的灰尘。问路人那些人是谁，路人回答说他们都是宦官，皇帝的内臣。佩戴着表示大夫地位的红色丝带和象征将军身份的紫色丝带。夸耀着身份，即将到军队里赴宴，数量众多，场面盛大。酒杯里满盛的是美酒佳酿，桌盘上罗列的是各处的山珍海味。有洞庭湖边产的橘子作为水果，细切的鱼脍味美鲜嫩。他们在肴饱之后仍旧坦然自得，酒醉之后神气益发骄横。然而这一年江南大旱，衢州出现了人吃人的惨痛场景。

赏析

唐代政治腐败的根源之一，就是太监专权。这首诗就是讽刺宦官的。诗题“轻肥”，取自《论语》，用以概括豪奢生活。

开头四句，先写后点，突兀跌宕，绘声绘色。意气之骄，竟可满路，鞍马之光，竟可照尘，这不能不使人惊异。

正因为惊异，才发出“何为者”（干什么的）的疑问，从而引出了“是内臣”的回答。内臣者，宦官也。读者不禁要问：宦官不过是皇帝的家奴，凭什么骄横神气以至于此？原来，宦官这种角色居然使用朱绂、紫绶，掌握了政权和军权，自然骄奢。“夸赴军中宴，走马去如云”两句，与“意气骄满路，鞍马光照尘”前呼后应，互相补充。“走马去如云”，就具体写出了骄与奢。这几句中的“满”“照”“皆”“悉”“如云”等字，形象鲜明地表现出赴军中宴的内臣不是一两个，而是一大帮。

“军中宴”的“军”是指保卫皇帝的神策军。此时，神策军由宦官管领。宦官们更是飞扬跋扈，为所欲为。前八句诗，通过宦官们“夸赴军中宴”的场面着重揭露其意气之骄，具有高度的典型概括意义。

紧接六句，主要通过内臣们军中宴的场面写他们的奢，但也写了骄。写奢的文字，与“鞍马光照尘”一脉相承，而用笔各异。写马，只写它油光水滑，其饲料之精，已意在言外。写内臣，则只写食山珍、饱海味，其脑满肠肥，大腹便便，已不言而喻。“食饱心自若，酒酣气益振”两句，又由奢写到骄。“气益振”遥应首句。赴宴之时，已然“意气骄满路”，如今食饱、酒酣，意气自然益发骄横、不可一世了。

以上十四句，淋漓尽致地描绘出内臣行乐图，已具有暴露意义。然而诗人的目光并未局限于此。他又“悄焉动容，视通万里”，笔锋骤然一转，当这些“大夫”“将军”酒醉肴饱之时，江南正在发生“人食人”的惨象，从而把诗的思想意义提到新的高度。同样遭遇旱灾，而一乐一悲，却判若天壤。

采地黄[1]者

【唐】白居易

麦死春不雨，禾损秋早霜。
岁晏[2]无口食，田中采地黄。
采之将何用，持以易糇粮[3]。
凌晨荷锄去，薄暮不盈筐。
携来朱门家[4]，卖与白面郎[5]。
与君啖肥马，可使照地光。
愿易马残粟[6]，救此苦饥肠。

【注　释】

①地黄：药草名，晒干的叫生地，蒸熟的叫熟地。
②岁晏：一年将近的时候。
③易：换取。糇（hóu）：干粮。糇粮：泛指饲口度日的粮食。
④朱门家：指富贵人家。
⑤白面郎：指富贵人家养尊处优不懂事的子弟。这里借用其讽刺含意。
⑥马残粟：马吃剩的粮食。

译　文

春季不下雨麦子都已旱死，秋季禾苗又遭霜。
等到年底时已没有了口粮，只好到土里采地黄。
采来地黄做什么用？拿它来换取饲口度日的粮食。
大清早就扛着锄头出门，直到傍晚时分还采不满一筐。
拿到它来到富贵人家，卖给养尊处优的儿郎。
把地黄给你的肥马吃，能使它膘壮有力，毛色光亮。
希望换些马吃剩的粮食，拿去填塞全家的饿得咕咕叫的肚子。

赏析

这首诗通过叙述一个农民采地黄，向富家换取马料以饱饥肠的情节，深刻地反映了农民在灾荒年头，连牛马食都吃不上的悲惨遭遇，有力地抨击了豪门大户对农民剥削的残酷性。

诗题是“采地黄者”，为何去采地黄，是因为天灾所致，所以诗开首一联写道：“麦死春不雨，禾损秋早霜。”交代了全诗的背景。庄稼一年两季，春日没雨，夏粮绝收；秋天又降早霜，秋粮减收。这样，农民的生活自然就很成问题了。紧接着第二、三两联便对农民生活景况做了交代：入冬后农民便断了口粮，为了活命，只得冒着风寒到荒郊野外去采挖地黄，希图借以度过饥荒。第四联“凌晨荷锄去，薄暮不盈筐”写农民采地黄之不易。以上四联为第一部分，中心就写了为度荒采地黄。

后六句叙写卖地黄的情形。采了地黄卖给富家白面郎。那卖地黄者对“白面郎”求告的几句话，颇为凄切动人。辛苦一整天采得不满一筐的劳动成果，只敢说给朱门人家拿去喂马。可以想见，这位可怜的农民忍饥挨冻在荒野采了一天地黄，可能连点像样的干粮也没吃上。也许他家中还有老小，都等他卖了地黄换回粮食下锅。那不足一筐的地黄，他哪敢说卖多少钱呢，只是央告说：“愿易马残粟，救此苦饥肠。”只要能换回一点儿马吃剩的玉米、高粱之类，也就心满意足了。其可怜之状跃然纸上。

题元八[1]溪居

【唐】白居易

溪岚漠漠[2]树重重，水槛山窗次第逢。
晚叶尚开红踯躅[3]，秋芳初结白芙蓉[4]。
声来枕上千年鹤，影落杯中五老峰[5]。
更愧殷勤[6]留客意，鱼鲜饭细酒香浓。

【注　释】

①元八：元宗简。一说应为“元十八”。元十八即元集虚，河南人，隐于庐山，是白居易贬江州时结识的朋友，有《元少尹文集》。

②岚（lán）：山林中的雾气。漠漠：形容弥漫的状态。

③踯躅（zhí zhú）：杜鹃花，春天开红花，故称“红踯躅”。

④芙蓉：此处当指木芙蓉，落叶灌木，又称木莲，以别于荷花之称芙蓉，秋天开白、黄或淡红色花。

⑤五老峰：庐山胜景之一，庐山东南部五个山峰的合称。

⑥殷勤：殷实热情。

译　文

溪水潺潺，雾气茫茫，两岸树木密密层层。途中的风景依次迎面而来。秋叶间依然有红红的杜鹃绽放，初秋的花朵只看到洁白的芙蓉。躺下休息，耳边好像传来千年仙鹤的声音；举杯共饮，杯中好似倒映出五老峰的影子。更令人感动惭愧的是主人殷勤热情的留客心意：鱼肉鲜美，饭食精细，酒味醇香浓郁。

赏析

此诗作于诗人谪贬江州司马时期。此诗主要描写友人溪居庄园的清秀景色，从去友人庐山下依山傍水的庄园途中写起，层层推进，展示了优美宜人的友人住所及主客欢融无间的情景。全诗将宏观远视与近景特写相结合，鲜明地刻画了友人居处环境的优美、不俗，尤其是颈联对仗工整，想象奇妙，用典不露痕迹，于亦虚亦实之中，产生了令人神往的境界。

恩制赐食于丽正殿书院宴赋得林字[1]

【唐】张说

东壁图书府[2]，西园[3]翰墨林。
诵诗闻国政，讲易见天心。
位窃和羹重[4]，恩叨醉酒深[5]。
缓[6]歌春兴曲，情竭为知音。

【注　释】

①丽正殿：唐代宫殿名。得林字：奉皇帝之命作诗，规定用林字韵。
②东壁：星名，传说其为二十八宿之一，主管文章。图书府：国家藏书的地方。
③西园：魏武帝建立西园，集文人于此赋诗。园：一作“垣”。这里的东壁与西园，皆代指丽正殿书院。
④位窃和羹重：我忝为宰相，负有调理政治的重任。窃，谦词，窃居。和羹，宰相的代称。
⑤恩叨醉酒深：承蒙皇帝赐宴，不觉喝得酩酊大醉。叨，承受。
⑥缓：一作“载”。

作者名片

张说（667—730）唐代文学家，诗人，政治家。字道济，一字说之。原籍范阳（今河北涿州），世居河东（今山西永济），徙家洛阳。

译文

东、壁二星掌管着天下的图书和文章，丽正殿书院人才济济，翰墨生香。诵读《诗经》能了解国家大事，讲习《易经》，可知道天道变数的本源。我忝为宰相，负有调理政治的重任，承蒙皇帝赐宴，不觉喝得酩酊大醉。心情激动，吟咏一支颂扬春和景明的乐曲；竭尽才智来依韵赋诗，以报答皇帝的知遇之恩。

赏析

这是一首应制诗，按皇帝规定用林字韵。当时作者身为丞相，又逢皇帝赐宴，自然豪情满怀。诗中大量用典，抒写了自己一心辅君治国的情怀。前四句写得经天纬地，气度宏阔；后四句写得感恩戴德，尽忠竭情。

江南弄[1]

【唐】李贺

江中绿雾[2]起凉波，天上叠巘红嵯峨[3]。
水风浦云生老竹，渚暝蒲帆如一幅[4]。
鲈鱼千头酒百斛，酒中倒卧南山绿。
吴歈越吟[5]未终曲，江上团团贴寒玉[6]。

【注 释】

①江南弄：乐府诗清商曲辞题名。
②绿雾：青茫茫的雾气。团雾从碧绿的江波中升起，故称“绿雾”。
③叠巘（yǎn）：本指层叠的山峦。此形容晚霞。嵯峨（cuó é）：山峰高峻貌。
④渚：水中的小块陆地。瞑：昏暗。蒲帆：指用蒲草织成的船帆。
⑤吴歈（yú）越吟：指江南地方歌曲。吴歈，即吴歌。越吟，越歌。
⑥贴寒玉：喻初升之月映在江面上。寒玉，比喻清冷雅洁的东西，此喻月。

作者名片

李贺（790—816），字长吉。河南府福昌县昌谷乡（今河南宜阳）人，祖籍陇西郡。唐朝中期浪漫主义诗人，与李白、李商隐并称“唐代三李”，后世称李昌谷。作品慨叹生不逢时、内心苦闷，抒发对理想抱负的追求，反映藩镇割据、宦官专权和社会剥削的历史画面。诗作想象极为丰富，引用神话传说，托古寓今，后人誉为“诗鬼”。李贺是继屈原、李白之后，中国文学史上又一位颇享盛誉的浪漫主义诗人，有“太白仙才，长吉鬼才”之说。

译 文

绿雾从江中清凉的波涛中升起，天上红霞重叠，像高峻的山峰。河边的云，水面的风，都像从老竹林里生出，洲渚暮色茫茫，众多蒲帆连成一片，不甚分明。鲈鱼千头醇酒百斛尽情享用，酒醉卧地，斜视着南山的绿影。信口唱支吴歌越曲，还未唱完——江月如圆玉，已在东方冉冉上升。

赏析

此诗从开头的江中绿雾到结尾的江上寒月，以江水为中心展开了一幅长长的画卷，红霞与江水相接，远山是江边所见，南人在江畔宴饮，吃的是江中之鲈，水风浦云，洲诸蒲

帆，无一不与江水相关。诗中景物颇为繁复，层次却十分清晰，时间上，从夕阳西坠至明月东升是一条线索。与此相关，一是气温降低，先说凉波、水风，又说寒玉，感觉越来越清楚。一是光线减弱，看天上红霞是鲜明的，看水中蒲帆已不甚分明，到月亮升起的时候，地上景物更模糊了。结构上，前四句描写景物，是第一条线；后四句叙述人事，是第二条线，但此时第一条线并未中断，而是若隐若现，起着照应与陪衬的作用，如第六句出现南山的景致，七、八两句写吟唱未终，江月照人，人与景融合为一，两条线索被巧妙地结合起来。

昌谷[1]北园新笋四首

【唐】李贺

箨落长竿削玉开[2]，君看母笋是龙材[3]。
更容一夜抽千尺，别却池园数寸泥。

斫取青光写楚辞，腻香春粉黑离离[4]。
无情有恨何人见，露压烟啼千万枝。

家泉石眼两三茎，晓看阴根紫脉生[5]。
今年水曲春沙上，笛管新篁拔玉青[6]。

古竹[7]老梢惹碧云，茂陵归卧叹清贫。
风吹千亩迎雨啸，鸟重一枝入酒尊[8]。

【注　释】

①昌谷：李贺家乡福昌县（今河南宜阳）的昌谷，有南北二园。诗人曾有《南园》诗，此写北园新笋，咏物言志。
②箨（tuò）落：笋壳落掉。长竿：新竹。削玉开：形容新竹像碧玉削成似的。
③母笋：大笋。龙材：比喻不凡之材。
④腻香春粉：言新竹香气浓郁，色泽新鲜。黑离离：黑色的字迹。
⑤阴根：在土中生长蔓延的竹鞭，竹笋即从鞭上生出。脉：一作“陌”。
⑥笛管：指劲直的竹竿。新篁（huáng）：新生之竹，嫩竹。亦指新笋。玉青：形容新竹翠绿如碧玉。
⑦古竹：指老竹，相对新笋言之。
⑧尊：同“樽”。

译　文

笋壳落掉后，新竹就很快地成长，像用刀把碧玉削开；你看那些健壮的大笋都是奇伟非凡之材。它们一夜之间将会猛长一千尺，远离竹园的数寸泥，直插云霄，冲天而立。

刮去竹上的青皮写下楚辞般的诗句，白粉光洁香气浓郁留下一行行黑字迹。新竹无情但却愁恨满怀谁人能够看见？露珠滴落似雾里悲啼压得千枝万枝低。

自家庭院中泉水石缝中长着两三根竹子，早晨在郊野间大路上见到时有竹根露出地面并有不少新笋刚刚露头。今年春天水湾边的沙岸上，新竹会青玉般地挺拔生长出来。

老竹虽老，仍矫夭挺拔，梢可拂云，而我并不太老，却只能像家居茂陵时的司马相如一样，甘守清贫。风吹竹声时，仿佛雨啸；而风和景明时，一小鸟栖息枝头，其景却可映入酒樽之中。

赏析

第一首是借物咏志的诗。这新笋就是诗人李贺。诗人李贺虽然命途多舛，遭遇坎坷，但是他没有泯灭雄心壮志。他总希

望实现自己的拔地上青云的志愿，这首咏笋的绝句正是他这种心情的真实写照。

第二首咏物诗前两句描述自己在竹上题诗的情景，语势流畅而又含蕴深厚。后两句着重表达怨恨的感情。此诗通篇采用“比”“兴”手法，移情于物，借物抒情。有实有虚，似实而虚，似虚而实，两者并行错出，无可端倪，给人以玩味不尽之感。

第三首诗写竹的生命力旺盛、一片生机。在这首诗中，作者字斟句酌，用“家”“石”“阴”“紫”“春”“新”等修饰各种意象组合，纵观全句，几乎无一物无修饰，无一事有闲字。他把相关的意象加以古人不常联用的字联用，加以修饰再组合起来，综合运用了通感、移情的写作手法，由家泉到石眼再到竹茎，仿佛用诗句串联起装扮一番的意象群，不是因感而倾泻，而是字字雕刻而来。此时作者诗中的竹子不再是单纯的清雅之士，而仿佛是穿上了绮丽诡异又有异域风情的楚服的起舞人。同时，把石眼、阴根等不为竹所常用的意象与竹子相连缀，更见作者的匠心独运，研磨之工。

第四首诗以司马相如归卧茂陵自喻，慨叹自己家居昌谷时的清贫生活。诗的开头两句“古竹老梢惹碧云，茂陵归卧叹清贫”，意为老竹虽老，仍矫夭挺拔，梢可拂云，而自己年纪并不太老，却只能像家居茂陵时的司马相如一样，甘守清贫。“风吹千亩迎雨啸，鸟重一枝入酒尊。”这两句写的是另外两种形态下的竹枝形象。其一是风吹雨啸之中，风吹过后声浪如排山倒海；而风和景明之日，一小鸟栖息枝头，其景却可映入酒樽之中，这又是何等静谧安闲。这情景于竹本身而言，却道出其一个特点：坚韧，不管怎么弯曲也不易折断。

将进酒

【唐】李贺

琉璃钟①，琥珀②浓，小槽酒滴真珠红③。
烹龙炮凤④玉脂泣，罗帏绣幕围香风。
吹龙笛，击鼍鼓⑤；皓齿歌，细腰舞。
况是青春日将暮，桃花乱落如红雨。
劝君终日酩酊醉，酒不到刘伶坟上土。

【注释】

①琉璃钟：形容酒杯之名贵。
②琥珀：借喻酒色透明香醇。
③真珠红：真珠即珍珠，这里借喻酒色。
④烹龙炮凤：指厨肴珍异。
⑤鼍（tuó）鼓：用鼍皮制作的鼓。鼍：扬子鳄。

译文

明净的琉璃杯中，斟满琥珀色的美酒，淅淅沥沥槽床滴，浓红恰似火齐珠，煮龙肝，爆凤髓，油脂白，点点又似泪珠涌，锦乡帷帘挂厅堂，春意浓浓，笛声悠扬如龙吟，敲起皮鼓响咚咚，吴娃楚女，轻歌软舞，其乐也融融，何况春光渐老日将暮，桃花如雨，飘落满地红，劝世人，不如终日醉呵呵，一日归黄土，纵是酒仙如刘伶，望一杯，也只是痴人说梦。

赏析

这首诗的前五句描写一幅奇丽熏人的酒宴图，场面绚丽斑斓，有声有色，给读者极强烈的感官刺激。作者似乎不遗余力地搬出华艳辞藻、精美名物，目不暇接："琉璃钟""琥珀浓”“真珠红”“烹龙炮凤”“罗帏绣幕”，作者用这样密集的华丽字眼描绘了一场华贵丰盛的筵宴。其物象之华美，色泽之瑰丽，简直无以复加。

“吹龙笛，击鼍鼓，皓齿歌，细腰舞。”四句写宴乐的鼓点愈来愈急，连串三字句法衬得歌繁舞急，仅十二字，就将音乐歌舞之美妙写得极尽妍态。不仅让读者目不暇视，甚至耳不暇接。这似乎已不是普通宴饮，而是至死的狂欢。

“况是青春日将暮，桃花乱落如红雨。”春光正美，太阳却冷酷地移向地平线；青春正美，白发却已在悄悄滋长。曾在繁茂的桃花园中，看花瓣随风如雨而落，那真是令人目眩神迷的美。但每一秒的美丽，都是以死亡为代价的。何等奢侈的美丽。人们伸出手想挽留残春，但最终留下的，只是那空荡荡的枝头和指间的几片残红。

“劝君终日酩酊醉，酒不到刘伶坟上土。”结尾笔锋倏转，出人意料地出现了死的意念和“坟上土”的惨淡形象，透露出一片苦涩幽怨的意绪。时光难逗留，诗人遂道，罢了，对酒当歌，人生几何，既是壶中日月长，就多喝几杯，终日酩酊吧，无知无觉也就没有困扰了。何况哪怕好酒如刘伶，死后想喝酒亦不可得。

始为奉礼忆昌谷山居[1]

【唐】李贺

扫断马蹄痕，衙回自闭门。
长枪江米熟[2]，小树枣花春。
向壁悬如意[3]，当帘阅角巾[4]。
犬书[5]曾去洛，鹤病悔游秦[6]。
土甑封茶叶，山杯锁竹根[7]。
不知船上月，谁棹满溪云？

【注 释】

①奉礼：即奉礼郎，太常寺属官，掌君臣版位，以奉朝会祭祀之礼。昌谷：李贺家乡，在河南府福昌县（今河南宜阳）。
②长枪：即长铛，有脚有耳的平底锅。
③如意：二尺长的铁器，古人用以指画方向和防身。
④角巾：四方形有棱角的冠巾。私居时戴用。
⑤犬书：谓家书。
⑥鹤病：喻妻病。游秦：宦游于长安。
⑦竹根：用竹根制成的酒杯。

译 文

门前洒扫，看不到车轮马蹄的痕迹；从官署回来，自己要亲手把门关闭。大锅里煮熟的，只是那普通的糯米；春天的庭院，只有小枣树花嫩又稀。百无聊赖，赏玩悬挂在墙上的如意；竹帘前闲坐，看着方巾牵动着乡思。像黄耳犬送书，我也有信寄往家去；怀念病中之妻，我后悔旅居来京师。遥想家中，茶叶被封藏在那瓦罐里；竹根酒杯被锁起，无人再把酒来吃。不知道啊，在这明月朗照的小船上，谁人在举桨摇荡那彩云倒映的小溪？

赏析

诗人将昔日在家品茶饮酒的悠闲自在景与眼前退衙回来闭门独坐的孤独以及“鹤病悔游秦”的病痛相互比照，旨在强调身在仕途无法实现理想抱负的喟叹。失落加上乡愁，更增添几分愁苦，也更加深了诗人对故乡的怀念。

此诗的前半首，扣住“始为奉礼”行笔，总写居官羁旅无聊之情状。“扫断”“衙回”两句，叙述官职卑微，门庭冷落；“长枪”“小树”两句，写江米煮熟，食馔简单，除枣花外，室无珍玩。这四句，全无半点寒酸气却道尽窘迫。诗的后半首，转而写出“忆昌谷山居”之意。忆家，故作家书，以付黄犬；忆亲人，因妻病而追悔至京求仕。“土甑封茶叶，山杯锁竹根”，可见主人不在；“不知船上月，谁棹满溪云”，月夜又有谁在船上摇荡着满溪的云影？用反诘句收结，意想飞驰，巧妙表现出“忆”的风韵。

过华清宫

【唐】李贺

春月夜啼鸦，宫帘隔御花。
云生朱络①暗，石断紫钱②斜。
玉碗盛残露③，银灯点④旧纱。
蜀王无近信⑤，泉上有芹芽⑥。

【注　释】

①朱络：红漆的窗格子。一说，为挂在屋檐下防鸟雀的红色网络。
②紫钱：紫色像钱形的苔藓。
③玉碗（wǎn）：玉制的食具，亦泛指精美的碗。一作“玉椀”。残露：残余的露水，此指残余的酒。
④点：点亮。一作点污之意，意思是灯纱上已经染上了斑点。
⑤蜀王：指唐玄宗李隆基。安史之乱中，安禄山叛军猛攻长安，李隆基急急逃到蜀地去避难，诗人因此叫他是“蜀王”。近信：新消息。
⑥泉：指温泉，即华清池。芹：即水芹，夏季开白花，性喜温暖潮湿，茎叶可作蔬菜。

译　文

在这春天的月夜里，只听见乌鸦哀啼，帘幕长垂，阻隔着寂寞的宫花。云雾缭绕，红色的窗格显得很暗淡，阶石断裂，钱形的紫苔歪歪斜斜。当时玉碗里兴许还留有剩酒，银灯恐怕也亮着，外面围着薄纱。蜀王出奔还没有消息的时候，泉边上就已经长出了水芹的嫩芽。

赏析

这是一首讽刺诗。诗人从各个角度，描绘昔日繁华富丽的华清宫而今荒凉破败的景象，暗寓讽刺和感喟之意。首句写华清宫春夜的凄凉可怖气氛。在月色明媚的春夜，当年华清宫车马合背，宫女如云，灯烛辉煌。次句写诗人隔着积满尘土的窗帘，看到宫花仍旧迎春盛开，但无人观赏，显得那样寂寞悲苦。颔联写诗人俯仰所见之景。仰看宫檐，一团团云雾从檐下防鸟雀的红色网络间涌出；俯瞰御阶，石块在多年风雨剥蚀下已经残破断裂，紫色钱形的苔藓欹斜横生。以上四句，都是诗人眼前所见的实景。颈联境界一变。诗人为使讽刺的意蕴更加尖刻，大胆地发挥想象力，巧妙地创造出亦实亦虚、亦真亦幻的景物意象。“玉碗”是实物。宫殿荒废已久，案上玉碗犹在。碗里即使原先盛满美酒，也早已挥发净尽了。而诗人却设想玉碗里至今仍剩有残酒没有喝完，仿佛还在散发出醉人的芳香。说“残露”而不说“残酒”，含蓄委婉，暗用汉武帝造仙人承露盘以求仙露的典故，隐喻讽意。宫灯也是实物。但灯油或蜡烛绝不可能一直燃点不熄。诗人竟想象宫灯还在亮着，昏黄的灯光映照着灯上的旧纱。这两笔非常精妙绝伦。诗人从实像中创构出虚幻的意象，并借助这虚幻荒诞的意象，将李隆基惊闻“渔阳鼙鼓动地来”后慌忙出逃的狼狈情状讽刺得淋漓尽致。尾联的讽刺意味更加强烈。“蜀王”指李隆基。唐玄宗逃避入蜀，故称之，而帝不称帝，其意自明。又说他“无近信”，即逃跑之后便毫无信息，对社稷危亡和百姓的苦难不闻不问，无所作为，连帝位也被儿子李亨夺了。这又是绝妙的嘲讽和大胆的揭露。

大堤[1]曲

【唐】李贺

妾家住横塘，红纱满桂香。
青云教绾头上髻，明月与作耳边珰[2]。
莲风[3]起，江畔春；大堤上，留北人[4]。
郎食鲤鱼尾，妾食猩猩唇[5]。
莫指襄阳道[6]，绿浦[7]归帆少。
今日菖蒲花，明朝枫树老[8]。

【注　释】

①大堤：襄阳（今湖北襄樊）府城外的堤塘，东临汉水。
②明月：即“明月之珠”的省称。珰（dāng）：耳饰。穿耳施珠为珰，即今之耳环。
③莲风：此指春风。
④北人：意欲北归之人，指诗中少女的情人。
⑤鲤鱼尾、猩猩唇：皆美味，喻指幸福欢乐的生活。
⑥襄阳道：北归水道必经之路。
⑦浦：水边或河流入海的地区。绿浦，这里指水上。
⑧枫树老：枫树变老，形状丑怪。这里表示年老时期。

译　文

我的家住在横塘大堤，红纱衣衫散发桂花香。
青云发髻在头上扎起，明月耳饰在两边挂上。
莲风轻轻吹来，江畔一派春光。
我站在大堤之上，挽留一心北去的情郎。
郎君啊，你我同食鲤鱼尾，同食猩猩唇。
不要思乡远想襄阳道，江面的归帆很少很少。
今日恰似菖蒲开花，明朝枫树易老红颜易凋。

赏析

李贺的这首《大堤曲》写的是一个住在横塘的美丽女子与北来商客的一段爱情生活。开头两句交代了这个女子的居所。“红纱满桂香”是说透过那绯红的窗纱，沁出闺房的桂香。而后“青云”两句通过写这个女子青云般的发髻和明月宝珠制作的耳珰，描述出其貌美动人。这是采用汉代乐府《陌上桑》的衬托手法。下面“莲风起”四个三字句，交代了这个女子与那个“北人”恋爱的经过。在那莲叶随风起舞的春季，由北方来经商的“北人”，因两人相爱而停驻在这繁华的大堤，而流连在“红纱满桂香”的闺房。下面“郎食”两句，以饮食之精美，极言两情之绸缪，爱情生活之美好。因为在古代，人们常以猩唇鲤尾作为男女情爱的隐语。结尾“莫指”四句是女子劝对方珍惜眼前的欢聚，勿有远行别离之念。“襄阳道”指其行程。菖蒲花开于春末，此处喻女子易逝的青春年华，因古人认为菖蒲难得见花。这四句是女主人公以绿浦中的行舟多一去不复返之事来劝情人莫生远行的念头。最后用花树喻人易老，说明应珍惜欢聚的时日。

追和柳恽[1]

【唐】李贺

汀洲白苹草，柳恽乘马归。
江头樝树[2]香，岸上蝴蝶飞。
酒杯箬叶露[3]，玉轸蜀桐虚[4]。
朱楼通水陌，沙暖一双鱼[5]。

【注　释】

①追和：两人或两人以上用同一题目或同一韵部作诗，称为唱和。如事后参与唱和，即称追和。柳恽：河东人，历仕宋、齐、梁三朝，工于篇什，早有美名，尝作《江南曲》，首句为“汀洲采白蘋”，李贺追和之。
②樝（zhā）树：山楂树，高五六尺，其果圆，似梨而酸。樝同“楂”。一作“栌树”。
③箬（ruò）叶露：即箬下酒，湖州箬溪水所酿酒味醇美，俗称箬下酒。
④玉轸（zhěn）：琴上系弦子的柱轴，华丽者以玉为之。蜀桐：古称以益州白桐为琴瑟者必名器，这里泛指琴体。虚：琴身中空，故曰虚。
⑤沙暖：喻居处安适。双鱼：喻一对夫妻。

译　文

水中小洲上的白苹青翠茂密，唐朝宰相柳恽正骑马归来。
江岸上的山楂树散发出阵阵清香，岸上蝴蝶成群结队翩翩而飞。
接一酒杯箬竹叶露当酒相祭，弹一曲高雅的曲子送给他听。
红楼边一条小路通向水边，温暖舒适的沙滩边一对鱼儿游来游去。

赏析

这首诗是追和南北朝时的柳恽的《江南曲》而作，诗承接柳恽《江南曲》意，重在写离别后的欢聚之情。首联描写汀洲上的白苹，颔联描写江边、岸上的优美景色，颈联表达对柳恽的敬意，尾联描写水中鱼儿竞游。这首诗句法和格调都模仿了柳诗所用的齐梁体，李贺以清新的笔调写夫妇相聚时的即景。其中尾联采用暗喻的手法，以双鱼比喻夫妻感情和睦。

苦昼短

【唐】李贺

飞光飞光[1]，劝尔一杯酒。
吾不识青天高，黄地厚。
唯见月寒日暖，来煎人寿[2]。
食熊则肥，食蛙[3]则瘦。
神君何在？太一安有[4]？
天东有若木[5]，下置衔烛龙[6]。
吾将斩龙足，嚼龙肉，使之朝不得回，夜不得伏。
自然老者不死，少者不哭。
何为服黄金、吞白玉[7]？
谁似任公子[8]，云中骑碧驴[9]？
刘彻茂陵多滞骨[10]，嬴政梓棺费鲍鱼。

【注　释】

①飞光：飞逝的光阴。南朝梁沈约《宿东园》诗："飞光忽我道，岂止岁云暮。"
②煎人寿：消损人的寿命。煎：煎熬，消磨。
③蛙：代指贫穷者吃的粗劣食品。
④太一：天帝的别名，是天神中的尊贵者。安：哪里。
⑤若木：古代神话传说中的树名，东方日出之地有神木名扶桑，西方日落处有若木。
⑥衔烛龙：传说中的神龙，住在天之西北，衔烛而游，能照亮幽冥无日之国。这里借指为太阳驾车之六龙。
⑦服黄金、吞白玉：道教认为服食金玉可以长寿。
⑧似：一作"是"。任公子：传说中骑驴升天的仙人，其事迹无考。
⑨碧：一作"白"。
⑩刘彻：汉武帝，信神仙，求长生，死后葬处名茂陵。滞骨：残遗的白骨。

译文

飞逝的时光，请您喝下这杯酒。

我不知道苍天有多高，大地有多厚。

只看到寒暑更迭日月运行，消磨着人的年寿。

吃熊掌就胖，吃蛙腿就瘦。

神君可在何处，太一哪里真有？

天的东方生有神树，下置神龙衔烛环游。

我要斩断神龙的足，咀嚼神龙的肉，使它白天不能巡回，夜晚不能潜伏。

自然使老者永不死，少年不再哀哭。

何必吞黄金，食白玉？

有谁见过任公子，升入云天骑碧驴？

刘彻求长生，最后只能在茂陵中慢慢腐烂成骨，嬴政求仙药，死后棺车白费了掩臭的腌鱼。

赏析

全诗分为三段，每段反映作者思想的一个侧面，合起来才是他对问题的全部看法。诗的前十句（从开头至“太一安有”）为第一段。诗的开头，诗人请时光停下喝酒。之所以要向时间劝酒，是因为诗人对此深有感触：一是慨叹时光飞逝，人寿促迫；一是认识到人生必死的道理。中间八句（从“天东有若木”至“少者不哭”）是第二段。前面一段，诗人理智地解答了心中的困惑，如果诗歌就此停住，好像少了点什么。这一段，诗人凭借神话传说，倾诉了对生命的美好愿望。诗的最后六句（从“何为服黄金”至结尾）是第三段。这一段，诗人讥刺了那些想通过求仙获得长生的人的荒唐愚昧。

从诗中可以看出诗人脱出了一己私念，对人生、对社会怀着一种大悲悯，只是说出口来却是一阵阵冷嘲热讽。诗中有很多疑问句，安排在段落衔接之处，起着增强语气与感情色彩的作用，使诗歌富于一种波澜起伏的动感。诗人又把“食熊则肥，食蛙则瘦”与“斩龙足，嚼龙肉”联系起来，使那种富于神秘色彩的故事充满了烟火味与人情味，形成李贺诗歌独特的艺术境界。加上青天、黄地、白玉、黄金、碧驴等多种色彩的调和搭配，真有点五色斑斓的味道。全诗没有很多的藻饰，也不着意于景致的描绘，但由于诗中充沛的激情和丰富的艺术手法，使得这首议论性很强的诗歌显得回旋跌宕而又玩味无穷。

热海行送崔侍御还京①

【唐】岑参

侧闻阴山胡儿语，西头热海水如煮②。
海上众鸟不敢飞，中有鲤鱼长且肥。
岸旁青草长不歇，空中白雪遥旋灭③。
蒸沙烁石燃虏云④，沸浪炎波煎汉月。
阴火潜烧天地炉⑤，何事偏烘西一隅？
势吞月窟侵太白⑥，气连赤坂通单于⑦。
送君一醉天山郭，正见夕阳海边落。
柏台⑧霜威寒逼人，热海炎气为之薄。

【注　释】

①热海：伊塞克湖，又名大清池、咸海，今属吉尔吉斯斯坦，唐时属安西节度使领辖。崔侍御：未详。侍御，指监察御史。
②西头：西方的尽头。水如煮：湖水像烧开了一样。
③遥旋灭：远远地很快消失。
④烁（shuò）：熔化金属。虏（lǔ）云：指西北少数民族地区上空的云。
⑤阴火：指地下的火。潜烧：暗中燃烧。天地炉：喻天地宇宙。
⑥吞：弥漫，笼罩。月窟（kū）：月生之地，指极西之地。太白：即金星。古时认为太白是西方之星，也是西方之神。
⑦赤坂：山名，在新疆吐鲁番境内。单于：指单于都护府所在地区，今内蒙古大沙漠一带。
⑧柏台：御史台的别称。汉时御史府列柏树，后世因称御史台为柏台、柏府或柏署。因御史纠察非法，威严如肃杀秋霜，所以御史台又有霜台之称。

作者名片

岑参（约718—770），荆州江陵（今湖北江陵）人或南阳棘阳（今河南南阳）人，唐代诗人，与高适并称“高岑”。岑参早岁孤贫，从兄就读，遍览史籍。唐玄宗天宝三载（744）进士，初为率府兵曹参军。后两次从军边塞，先在安西节度使高仙芝幕府掌书记；天宝末年，封常清为安西北庭节度使时，为其幕府判官。代宗时，曾官居嘉州刺史（今四川乐山），世称“岑嘉州”。大历五年（770）卒于成都。

译　文

我听阴山人们说过多回，西方热海之水好似煮沸。
海上各种鸟儿不敢飞翔，水中鲤鱼却是大而肥美！
岸边青草常年不见衰歇，空中雪花远远融化消灭，
沙石炽热燃烧边地层云，波浪沸腾煎煮古时明月。
地下烈火暗中熊熊燃烧，为何偏把西方一角烘烤！
气浪弥漫西方月窟太白，把那广大边塞地带笼罩。
置酒送君在那天山城郭，热海之畔夕阳正要西落。
君居柏台威严好似寒霜，热海炎气因而顿觉淡薄！

赏析

这首借歌颂热海的奇特无比以壮朋友出行的送别诗，是诗人在北庭，为京官崔侍御还京送行时所作。此诗寄情出人意表，构思新奇。诗人巧设回环，在极力描述了热海之奇景，让读者陶醉于热海风光之时才宛然一转，表明自己吟诗的环境和缘由，“送君一醉天山郭，正见夕阳海边落”。在天山脚下的城郭，在夕阳西下将于海边沉没之时，与朋友送行，无尽的离别之情用一“醉”字消融于无形，豪放不羁。“柏台霜威寒逼人，热海炎气为之薄”这最后两句，用热情洋溢的语言盛赞崔侍御的高风亮节，连热海的炎威也为之消减。

酒泉太守席上醉后作

【唐】岑参

酒泉①太守能剑舞，高堂②置酒夜击鼓。
胡笳③一曲断人肠，座上相看泪如雨。

琵琶长笛曲相和，羌儿胡雏④齐唱歌。
浑炙犁牛⑤烹野驼，交河美酒归叵罗⑥。
三更醉后军中寝，无奈秦山⑦归梦何。

【注释】

①酒泉：郡名，即肃州，今甘肃酒泉。
②高堂：指高大的厅堂。
③胡笳：古代管乐器。
④胡雏：即胡儿。
⑤浑：全。炙（zhì）：烧烤。犁牛：杂色牛。
⑥叵（pǒ）罗：酒杯。
⑦秦山：即终南山，又名秦岭。

译 文

酒泉太守持剑翩翩舞起，高堂置酒夜间鼓声敲击。
胡笳一曲令人肝肠欲断，座上客人相对泪下如雨。

琵琶长笛曲曲互相应和，胡家儿女齐声唱起歌曲。
全牛野驼烧好摆在桌上，交河美酒斟满金酒杯里。
三更醉后卧在军帐之中，梦中无法向那秦山归去！

赏析

这两篇作品记叙的是宴会的场面和醉后的归思。

这是一个富有边地特色的军中酒会。第一首诗开头两句在点出酒会及其时间地点的同时，便以“剑舞”“击鼓”写出戎旅之间的酒会特色，点染着边地酒会的气氛，为“醉”字伏笔。紧接着两句写席间胡笳声起，催人泪下。何以“泪如雨”，这里没有交代，但隐含的情调却是慷慨悲壮的，这种气氛也为“醉”准备了条件。

第二首诗的前四句写宴席间情景。上两句从所闻方面写歌曲，下两句从所见方面写酒肴。乐器是“琵琶长笛”，歌者为“羌儿胡雏”，菜是“犁牛”“野驼”，酒为“交河美酒”，这一切可以看出主人的热情，宴席的高贵；而它们所点染的边塞情调又使归途中的诗人感触良多。这也为“醉”准备了条件，遂引出诗的最后两句。醉后吐真言，梦中见真情，诗的最后两句写醉后梦中归家，描写十分真切。用“无奈”写出归思之难以摆脱，也许这正是“座上相看泪如雨”的重要原因。

村 行

【唐】杜牧

春半南阳西①，柔桑过村坞。
娉娉垂柳风，点点回塘②雨。
蓑唱牧牛儿，篱窥茜裙③女。
半湿解征衫④，主人馈鸡黍⑤。

【注 释】

①春半：阴历二月。南阳：地名，古称宛，今河南南阳。
②回塘：曲折的池塘。
③茜裙：用茜草制作的红色染料印染的裙子。茜，茜草，多年生植物，根黄赤色，可作染料。
④征衫：行途中所穿的衣服。
⑤馈：招待。鸡黍：指村人准备的丰盛饭菜。

作者名片

杜牧（约 803—852），字牧之，号樊川居士，京兆万年（今陕西西安）人。杜牧是唐代杰出的诗人、散文家，是宰相杜佑之孙，杜从郁之子。因晚年居长安南樊川别墅，故后世称“杜樊川”，著有《樊川文集》。杜牧的诗歌以七言绝句著称，内容以咏史抒怀为主，其诗英发俊爽，多切经世之物，在晚唐成就颇高。杜牧人称“小杜”，以别于杜甫“大杜”。与李商隐并称“小李杜”。

译 文

仲春时节我经过南阳县西，村庄里的桑树都长出了嫩芽。和风吹拂着依依垂柳，点点细雨滴在曲折的池塘上。披着蓑衣的牧童正在唱歌，穿着红裙的少女隔着篱笆偷偷张望。我走进农家脱下半湿的衣裳，主人摆出丰盛的饭菜招待我。

赏析

这是一幅美丽的农村风景画。仲春季节，南阳之西，一派大好春光。美时，美地，美景，在“春半南阳西”中，隐约而至。遍村柔桑，欣欣向荣。着一“过”字，境界全出。“柔桑过村坞”，在动态中，柔桑生长的姿态和鲜嫩的形状，活现在眼前，这就把春天的乡村点缀得更美了。加之垂柳扶风，娉娉袅袅，春雨点点，回落塘中，更有一种说不出的情趣。再看，那农家牧童，披着蓑衣，愉快地唱着歌；竹篱笆内，可窥见那穿着绛黄色裙子的农家女的倩影。行路征人，解松半湿的衣衫，在村里歇脚，村主人热情地用鸡黍招待客人。这首诗，首联、颔联是写村景，颈联、尾联是写村情。其景实，其情真，与诗题是呼应的。

早雁

【唐】杜牧

金河①秋半虏弦开，云外②惊飞四散哀。
仙掌③月明孤影过，长门④灯暗数声来。
须知胡骑纷纷在⑤，岂逐春风一一回？
莫厌⑥潇湘少人处，水多菰米岸莓苔。

【注　释】

①金河：在今内蒙古呼和浩特市南。
②云外：一作“云际”。
③仙掌：指长安建章宫内铜铸仙人举掌托起承露盘。
④长门：汉宫名，汉武帝时陈皇后失宠时幽居长门宫。
⑤须知胡骑纷纷在：一作“虽随胡马翩翩去”。
⑥莫厌：一作“好是”。

译文

八月边地回鹘士兵拉弓射箭，雁群为之惊飞四散哀鸣连连。月明之夜孤雁掠过承露仙掌，哀鸣声传到昏暗的长门宫前。应该知道北方正当烽烟四起，再也不能随着春风回归家园。请莫嫌弃潇湘一带人烟稀少，水边的菰米绿苔可免受饥饿。

赏析

此诗通篇为咏物体，前四句写大雁惊飞，影过皇城，鸣声回荡在长安城上空。言外之意是：不知是否能引起皇宫中统治者的关注？后四句安慰大雁：胡骑尚在，你们到春天时也不要急于北飞，潇湘之地也可以觅食。此诗通篇无一语批评执政者，但在秋天就设想明年春天胡骑还在，则朝廷无力安边之意自明。这是非常含蓄的怨刺方法。通篇采用比兴象征手法，表面上似乎句句写雁，实际上，它句句写时事，句句写人。风格婉曲细腻，清丽含蓄。

送薛种游湖南

【唐】杜牧

贾傅松醪酒[①]，秋来美更香。

怜君片云思，一棹[②]去潇湘。

【注　释】

①贾傅：西汉贾谊，曾任长沙王太傅。松：用瘦肉鱼虾等做成的茸毛或碎末形的食品。醪（liáo）酒：浊酒。

②棹（zhào）：划船的一种工具，引申为划（船）。

译文

我像怀才不遇的贾谊一样，用瘦肉鱼虾做成的肉茸和一壶浊酒为你饯行。在这秋高气爽的时节，更觉滋味香美久长。从此以后，每当思念你时，只有凭着天上飘浮的片片白云来传递感情了。你荡桨远去，驶向潇湘，饱尝着宦海沉浮之苦。

赏析

此诗中第一句用贾谊怀才不遇之典，第二句点明了送别时令：秋天。第三、四句用“片云思”“一棹去”，寄托了诗人对贾谊命运多舛的同情和自己身处晚唐混乱时世，饱尝宦海沉浮之苦，顿生归隐之想的情怀。

伤农

【唐】郑遨

一粒红稻①饭，几滴牛颔血。
珊瑚枝下人，衔杯吐不歇。

【注释】

①红稻：指红色的稻米，为稻中的一种，亩产量低，较为珍贵、罕见。

作者名片

郑遨（866—939），字云叟，唐代诗人，滑州白马（河南滑县）人。传他“少好学，敏于文辞”，是“嫉世远去”之人，有“高士”“逍遥先生”之称。郑遨的创作以诗歌为主，其作品多表现了对世人追逐名利、贪求淫乐的嘲讽和对那种贫富悬殊、民不聊生社会现实的抨击，以及对国计民生的关注，这是贯穿其作品的主导思想。其代表诗作有《富贵曲》《伤农》《哭张道古》《宿洞庭》《题病僧寮》等。

译　文

颗颗精细的红稻米饭啊，那是耕牛滴滴的血凝成。

贵族们吃喝玩乐赏珍宝，饮酒而吐出红米饭不停。

赏析

这首诗通过简练的语言和鲜明的对比，揭露了剥削阶级骄奢淫逸纵酒行乐的无耻嘴脸，同时也表现了农民的辛酸和劳苦，表现了诗人对剥削阶级的痛恨和对农民的同情。白描的手法与鲜明的对比是诗人采用的艺术手法；语言朴素、形式短小、含义深刻是这首诗的特点。整首诗朴实、直率地写出悲愤交加的感情，有很强的感染力。

春晚书山家

【唐】贯休

柴门寂寂黍饭馨①，山家烟火春雨晴。
庭花蒙蒙水泠泠②，小儿啼索树上莺。

【注　释】

①黍饭：黄米饭，唐人常以之待客。馨：香。

②蒙蒙：形容雨点细小。泠泠：形容流水清脆的声音。

作者名片

贯休（832—912），俗姓姜，字德隐，婺州兰溪（今浙江兰溪市游埠镇仰天田）人，唐末五代前蜀画僧、诗僧。七岁出家和安寺，日读经书千字，过目不忘。贯休能诗，诗名高节，宇内咸知。亦擅绘画，尤其所画罗汉，更是状貌古野，绝俗超群，笔法坚劲，人物粗眉大眼，丰颊高鼻，形象夸张，所谓“梵相”。在中国绘画史上，有着很高的声誉。存世《十六罗汉图》，为其代表作。

译文

柴门一片寂静屋里米饭香喷喷，农家炊烟袅袅春雨过后天放晴。院内鲜花迷蒙山间流水清凌凌，小儿又哭又闹索要树上的黄莺。

赏析

这首诗头两句写柴门内外静悄悄的，缕缕炊烟，冉冉上升；一阵阵黄米饭的香味，扑鼻而来；一场春雨过后，不违农时的农夫自然要抢墒春耕，所以“柴门”也就显得“寂寂”了。由此亦可见，“春雨”下得及时，天晴得及时，农夫抢墒也及时，不言喜雨，而喜雨之情自见。

后两句写庭院中，水汽迷蒙，宛若给庭花披上了轻纱，看不分明；山野间，“泠泠”的流水，是那么清脆悦耳；躲进巢避雨的鸟儿，又飞上枝头，叽叽喳喳，快活地唱起歌来；一个小孩走出柴门啼哭着要捕捉鸟儿玩耍。这一切都是写春雨晴后的景色和喜雨之情。且不说蒙蒙的景色与泠泠的水声，单说树上莺尚且如此欢腾聒噪，逗得小儿啼索不休，更可想见大田里农夫抢耕的情景了。

初食笋呈座中

【唐】李商隐

嫩箨香苞初出林①，於陵②论价重如金。

皇都陆海③应无数，忍剪凌云一寸心④。

【注　释】

①嫩箨：鲜嫩的笋壳。箨，竹皮，笋壳。香苞：藏于苞中之嫩笋。
②於陵：汉县名，唐时为长山县，今山东省邹平县东南。於：一作“五”。
③皇都：指京城长安。陆海：大片竹林。“陆海”代指人有才。这句里的“陆海”本义当为竹林，暗喻人才众多。
④凌云一寸心：谓嫩笋一寸，而有凌云之志。凌云：直上云霄，也形容志向崇高或意气高超。此双关语，以嫩笋喻少年。寸：一作“片”。

作者名片

李商隐（约813—858），字义山，号玉谿生，祖籍怀州河内（今河南沁阳），生于郑州荥阳（今河南郑州荥阳市）。晚唐著名诗人，和杜牧合称“小李杜”。李商隐是晚唐乃至整个唐代为数不多的刻意追求诗美的诗人。擅长诗歌写作，骈文文学价值颇高。其诗构思新奇，风格秾丽，尤其是一些爱情诗和无题诗写得缠绵悱恻，优美动人，广为传诵。

译　文

幼嫩的箨，香美的苞——新笋刚出竹林。拿到於陵市中议价——贵重胜似黄金。

京城附近竹林多得无数，怎忍剪断凌云的新笋一片心。

赏析

“嫩箨香苞初出林”，诗人起笔便细细描绘了初生之笋的形态。这样壳嫩笋香的初生之笋，洋溢着勃勃的生机，只待春雨浇灌，即能昂扬九霄。“於陵论价重如金”，很多人认为这句诗是诗人向座主的器重表示感谢。嫩笋要论价，是因为初生之笋鲜嫩可口，所以食者众多，求者亦多，因而在於陵这里的价格和黄金一样贵重。诗人在这一句里已经点出一丝悲的意

味。嫩笋正出林呢，怎么就要论价了，而且价值甚昂？但语气终还是压抑的，平缓的，冷静的，客观的。

“皇都陆海应无数，忍剪凌云一寸心。”诗的三、四两句接着将这种悲哀之情渲染开去，推至顶峰才喷发而出。“凌云一寸心”，谓嫩笋一寸，而有凌云之志。这里是一个双关语，喻人年少而有壮志。这两句回答了对嫩笋“於陵论价”的另一个原因。那就是竹林茂盛，所以可以食笋，忍心“剪”去它凌云之心。卒章诗人的一片哀怜之情也显露出来。诗人痛惜嫩笋被食，喻人壮志未酬，这是一种悲哀；而联系到诗人于大和六年（832）赴京应举不第，那么就还有另外一层意味了，就是或许是因为皇都长安里“人才”太多，所以他才下第的。可是“剪”去的是一寸凌云之心。一个“忍”字用得十分出色。忍者，忍心，实际上联系到“凌云一寸心”看，作者表达的却是“何忍”之意。意谓不要夭折嫩笋的凌云之志啊。悲己之不遇，痛上主之不识己，一片哀怨之情弥漫其间。

全诗以嫩笋比喻自己，嫩笋一寸而有凌云之志，诗人同样如此，年少而胸怀大志。可悲哀的现实却是嫩笋被食，凌云之志也夭折在初出林的时候。而诗人也一样壮志未酬，空有“嫩箨香苞”美质，却没有了昂扬九霄的机会。既哀且怨之情充溢全诗。

石　榴[1]

【唐】李商隐

榴枝婀娜榴实繁，榴膜轻明榴子鲜[2]。
可羡瑶池碧桃树[3]，碧桃[4]红颊一千年。

【注　释】

①石榴：一种落叶乔木或灌木，是从西域引进中原的，

②“榴膜”句：石榴夏季开花，萼革质，宿存，后成果实的外皮。浆果近球形，秋季成熟内部由薄膜状心皮壁隔离为数室。外种皮肉质半透明，多汁故称“榴子鲜”。

③“瑶池”句：《汉武内传》载：西王母命侍女索桃，须臾，以玉盘盛仙桃七颗，以五颗与武帝，帝辄收其核，欲种之。西王母曰：“此桃三千年一实，中夏地薄，种之不生。”瑶池碧桃指此。可羡：何羡，岂羡。

④碧桃：传说中长于仙山的异树。

译　文

碧绿的石榴树婀娜迎风，鲜红的石榴像挂满灯笼。里面有一层透明的薄膜，白玉般的石榴子鲜美齐整。

瑶池的碧桃树有什么值得羡慕，哪比得上石榴树扎根民众。碧桃虽美结果要经千年，石榴每年都能带来农家小院的笑声。

赏析

石榴是美丽女子与纯洁爱情的象征，诗人盛赞了婀娜的榴枝、繁富的榴实、轻盈的榴膜、鲜丽的榴子，表现了自己的爱慕之情，然而尽管石榴比碧桃还要美丽娇艳，却也无法红颜“一千年”。《石榴》既是生命的挽歌，也是爱情的悼亡诗。“榴”字凡四叠，分别写其枝、实、膜、子，突出了石榴的美艳，读来春风扑面，不独上下句复辞，联内亦复辞。“碧桃”联袂而出，深叹人间红颜易逝，唯有深藏于心底的真诚与美好的情感才真的可以“碧桃红颊一千年”。在艺术特色上，此诗运用了复词重言的手法，从而使节奏回环，读来意韵连绵，回味无穷，绕梁三日，挥之不去。

寄全椒山中道士①

【唐】韦应物

今朝郡斋②冷，忽念山中客③。
涧底束荆薪④，归来煮白石⑤。
欲持一瓢酒，远慰风雨夕⑥。
落叶满空山，何处寻行迹。

【注 释】

①寄：寄赠。全椒：今安徽省全椒县，唐属滁州。
②郡斋：滁州刺史衙署的斋舍。
③山中客：指全椒县西三十里神山上的道士。
④涧：山间流水的沟。束：捆。荆薪：杂柴。
⑤白石：《神仙传》云："白石先生者，中黄丈人弟子也，常煮白石为粮，因就白石山居，时人故号曰白石先生。"此指山中道士艰苦的修炼生活。
⑥风雨夕：风雨之夜。

作者名片

韦应物（737—792），字义博，京兆杜陵（今陕西西安）人。唐朝时期大臣、藏书家，右丞相韦待价曾孙，宣州司法参军韦銮第三子。世称"韦苏州""韦左司""韦江州"。个人作品六百余篇。今传《韦江州集》10卷、《韦苏州诗集》2卷、《韦苏州集》10卷。散文仅存1篇，以善于写景和描写隐逸生活著称。

译 文

今天郡斋里很冷，忽然想起山中隐居的人。
你一定在涧底打柴，回来以后煮些清苦的饭菜。
想带着一瓢酒去看你，让你在风雨夜里得到些安慰。
可是秋叶落满空山，什么地方能找到你的行迹？

赏析

诗人在风雨之夜想起友人，想带着酒去拜访，可见两人的深厚友情。而满山落叶，恐不能相遇，只能寄诗抒情，又流露出淡淡的惆怅。全诗淡淡写来，却于平淡中见深挚，流露出诗人情感上的种种跳荡与反复。开头，是由郡斋的冷而想到山中的道士，又想到送酒去安慰他，终于又觉得找不着他而无可奈何。而自己的寂寞之情，也就无从排解。

这首诗，看来像是一片萧疏淡远的景，启人想象的却是表面平淡而实则深挚的情。在萧疏中见出空阔，在平淡中见出深挚。这样的用笔，就使人有“一片神行”的感觉，也就是形象思维的巧妙运用。韦应物这首诗，情感和形象的配合十分自然，所谓“化工笔”，也就是这个意思。

山中寡妇

【唐】杜荀鹤

夫因兵死守蓬茅[①]，麻苎衣衫鬓发焦[②]。
桑柘[③]废来犹纳税，田园荒后尚征苗[④]。
时挑野菜和[⑤]根煮，旋斫生柴带叶烧[⑥]。
任是深山更深处，也应无计避征徭[⑦]。

【注 释】

①蓬茅：茅草盖的房子。
②麻苎（zhù）：即苎麻。鬓发焦：因吃不饱，身体缺乏营养而头发变成枯黄色。
③柘：树木名，叶子可以喂蚕。

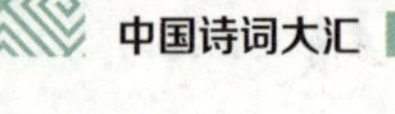

④后：一作“尽”。征苗：征收农业税。
⑤和：带着，连。
⑥旋：同“现”。斫：砍。生柴：刚从树上砍下来的湿柴。
⑦征徭：赋税和徭役。

作者名片

杜荀鹤（846—904），字彦之，号九华山人，池州石埭（今安徽石台）人，唐代诗人。大顺进士，以诗名，自成一家，尤长于宫词。自序其文为《唐风集》十卷，今编诗三卷。事迹见孙光宪《北梦琐言》、何光远《鉴诫录》、《旧五代史·梁书》本传、《唐诗纪事》及《唐才子传》。

译 文

丈夫死于战乱，她独守茅屋受煎熬，身穿苎麻布衣衫鬓发干涩又枯焦。桑树柘树全废毁还要交纳蚕丝税，田园耕地已荒芜仍然征税交青苗。时常外出挖野菜连着根须一起煮，随即四处砍生柴带着叶子一起烧。任凭你住在比深山更深的偏僻处，也没办法逃脱官府的赋税和兵徭。

赏析

此诗反映了在统治阶级残酷的剥削和压榨下劳动人民的悲惨遭遇。全诗通过山中寡妇这样一个典型人物的悲惨命运，透视当时社会的面貌，语极沉郁悲愤。诗人把寡妇的苦难写到了极致，造成一种浓厚的悲剧氛围，从而使人民的苦痛，诗人的情感，都通过生活场景的描写自然地流露出来，产生了感人的艺术力量。

长安秋望

【唐】赵嘏

云物凄清①拂曙流，汉家宫阙动高秋②。
残星几点雁横塞，长笛一声人倚楼。
紫艳半开篱菊静，红衣落尽渚莲愁。
鲈鱼正美不归去，空戴南冠③学楚囚。

【注　释】

①凄清：指秋天到来后的那种乍冷未冷的微寒，也有萧索之意。清，一作“凉”。
②动高秋：形容宫殿高耸，好像触动高高的秋空。
③南冠：楚冠。因为楚国在南方，所以称楚冠为南冠。

作者名片

赵嘏（约 806—约 853），字承佑，楚州山阳（今江苏省淮安市淮安区）人，唐代诗人。会昌四年（844）进士及第。官渭南尉。精于七律，笔法清圆熟练，时有警句。有《渭南集》。存诗二百多首，其中七律、七绝最多且较出色。

译　文

拂晓的云与物在漫天游动，楼台殿阁高高耸立触天空。残星点点大雁南飞越关塞，悠扬笛声里我只身倚楼中，艳萦的菊花静静地吐芳幽，红红的莲花落瓣忧心忡忡。可惜鲈鱼正美回也回不去，头戴楚冠学着囚徒把数充。

赏析

这首七律描写了诗人深秋拂晓时登高远望下的长安景色，表达了其羁旅思归的心情。这首诗前四句写诗人秋晓远望之所见与感受。颈联写景，烘托出秋日凄清的气氛。末两句写归思，通过“莼鲈之思”和“南冠楚囚”的典故，抒发自己欲归而不得的苦闷心情。这首诗中的景物不仅有广狭、远近、高低之分，而且体现了天色随时间推移由暗而明的变化。特别是颔颈两联的写景，将典型景物与特定的心情结合起来，景语即情语。雁阵和菊花，本是深秋季节的寻常景物，南归之雁、东篱之菊又和思乡归隐的情绪形影相随，诗人将这些形象入诗，意在给人以丰富的暗示；加之以拂曙凄清气氛的渲染，高楼笛韵的烘托，思归典故的运用，使得全诗意境深远而和谐，风格峻峭而清新。

淮上渔者

【唐】郑谷

白头波[①]上白头翁，家逐船移浦浦[②]风。
一尺鲈鱼新钓得，儿孙吹火荻花中。

【注　释】

①白头波：江上的白浪。
②浦：水边，岸边，或为风的“呼呼”声。

作者名片

郑谷（约 851—910），字守愚，汉族，江西宜春市袁州区人，唐朝末期著名诗人。僖宗时进士，官都官郎中，人称郑都官。又以《鹧鸪诗》得名，人称郑鹧鸪。其诗多写景咏物之作，表现士大夫的闲情逸致。风格清新通俗，但流于浅率。曾与许裳、张乔等唱和往还，号“芳林十哲”。原有集，已散佚，存《云台编》。

译 文

无边淮河白浪滚滚，白发渔翁以船为家。水边轻风阵阵，渔船随处漂流。老渔夫刚刚钓得的尺把长的鲈鱼，儿孙们在荻花丛中忙着吹火饮食。

赏析

这是一首描写淮河渔民生活的七绝诗歌，短短七言二十八个字便展示了一幅垂钓风情画。此诗情理兼备，意境高雅，一幅自然和谐、闲适安逸的垂钓图表现了渔者生活的乐趣。

“白头波上白头翁，家逐船移浦浦风。”描述了一个白发苍苍的老渔父，以船为屋，以水为家，终日逐水而居，整年出没于江河水面，漂泊不定，饱受江风吹袭，为衣食而奔波劳苦。其中“白头波上白头翁”连用两个“白头”，是为了强调老渔父如此年纪尚漂泊打鱼，透露出作者的哀叹之意。写渔人之“渔”，表现了渔者搏击风浪的雄姿，洒脱、利落。“家逐船移浦浦风”写渔人之“归”。对于渔人而言，家就是船，船就是家，故注一“逐”字，有一种随遇而安、自由自在的意味。

“一尺鲈鱼新钓得，儿孙吹火荻花中。”这两句生活气息浓郁，但于其中也隐隐透出一缕清苦的况味，渔人终日以渔为业，吃到鱼也并非易事。其中“一尺鲈鱼新钓得”写渔人之“获”，“新钓得”三字完全是一种乐而优哉的口吻，其扬扬自得的神情漾然纸上。“儿孙吹火荻花中”，写渔者的天伦之“乐”，优美的自然环境烘托了人物怡然的心情。尤其是一个“吹”字，富有野趣，开人心怀，那袅袅升腾的青白色炊烟，那瑟瑟曳动的紫色荻花，再加上嘻嘻哈哈、叽叽喳喳的稚言稚语，和着直往鼻孔里钻的鱼香，较为安定的王朝周边地区构成了一个醉煞人心的境界。

遣悲怀三首·其一

【唐】元稹

谢公①最小偏怜女，自嫁黔娄百事乖②。
顾我无衣搜荩箧，泥③他沽酒拔金钗。
野蔬充膳甘长藿，落叶添薪仰古槐。
今日俸钱过十万，与君营奠复营斋。

【注 释】

①谢公：东晋宰相谢安，他最偏爱侄女谢道韫。
②黔娄：战国时齐国的贫士。此自喻。百事乖：什么事都不顺遂。
③泥：软缠，央求。

作者名片

元稹（779—831），字微之，别字威明，唐洛阳（今河南洛阳）人。元稹是新乐府运动的倡导者和中坚力量，与白居易齐名，世称“元白”，诗作号为“元和体”。其诗辞浅意哀，仿佛孤凤悲吟，极为扣人心扉，动人肺腑。元稹的创作，以诗成就最大。其乐府诗创作，多受张籍、王建的影响，而其“新题乐府”则直接缘于李绅。现存诗 830 余首，收录诗赋、诏册、铭谏、论议等共 100 卷，有《元氏长庆集》传世。

译 文

你如同谢公最受偏爱的女儿，嫁给我这个贫士事事不顺利。你见我没有衣衫就在箱子找，因我相求你拔下金钗而买酒。你用野蔬充饥却说食物甘美，你用落叶做薪你用枯枝做炊。如今我高官厚禄你却离人间，为祭奠你延请僧道超度亡灵。

赏析

这首诗追忆妻子生前的艰苦处境和夫妻情爱，并抒写自己的抱憾之情。一、二句引用典故，以东晋宰相谢安最宠爱的侄女谢道韫借指韦氏，以战国时齐国的贫士黔娄自喻，其中含有对方屈身下嫁的意思。“百事乖”是对韦氏婚后七年间艰苦生活的简括，用以领起中间四句。中间四句是说：看到我没有可替换的衣服，就翻箱倒柜去搜寻；我身边没钱，死乞活赖地缠她买酒，她就拔下头上金钗去换钱。平常家里只能用豆叶之类的野菜充饥，她却吃得很香甜；没有柴烧，她便靠老槐树飘落的枯叶以做薪炊。这几句用笔干净，既写出了婚后“百事乖”的艰难处境，又能传神写照，活画出贤妻的形象。这四个叙述句，句句浸透着诗人对妻子的赞叹与怀念的深情。末两句，仿佛诗人从出神的追忆状态中突然惊觉，发出无限抱憾之情：而今自己虽然享受厚俸，却再也不能与爱妻一道共享荣华富贵，只能用祭奠与延请僧道超度亡灵的办法来寄托自己的情思。“复”，写出这类悼念活动的频繁。这两句，出语虽然平和，内心深处却是极其凄苦的。

咏　蟹

【唐】皮日休

未游沧海早知名，有骨①还从肉上生。
莫道无心畏雷电，海龙王处也横行。

【注　释】

①骨：螃蟹身上坚硬的外壳是一种特殊的骨头，叫外骨骼。

作者名片

皮日休（约838—约883），字袭美，号逸少，复州竟陵县（今湖北天门）人。曾居住在鹿门山，道号鹿门子。晚唐大臣，诗人、文学家。皮日休与晚唐诗人陆龟蒙齐名，世称“皮陆”。其诗文兼有奇朴二态，多为同情民间疾苦之作，对于社会民生有深刻的洞察和思考，被鲁迅誉为唐末“一塌糊涂的泥塘里的光彩和锋芒”。著有《皮日休集》《皮子》《皮氏鹿门家钞》等。

译　文

还没有游历沧海就知道蟹的名声，它的肉上长着骨头，长相奇特无比。

不要说它没有心肠，它哪里怕什么雷电，大海龙王那里也是横行无忌。

赏析

螃蟹，一般被视为横行无忌、为非作歹的反面典型形象，皮日休在这首诗中所吟咏的螃蟹可以有不同的诠释。有人认为此诗赋以螃蟹不畏强暴的叛逆性格。按照这种说法，在这首

诗中，诗人热情地赞扬了螃蟹的铮铮之骨、无畏之心和不惧强权、敢于“犯上”的壮举，寄托了他对无私无畏、敢于“横行”、冲撞人间“龙庭”的反抗精神的热烈赞美和大声呼唤。尤其是三、四两句，说螃蟹不仅不怕天帝雷电，而且更不怕海龙王的强权，含蓄地表达了诗人对螃蟹不畏强暴的叛逆性格的颂扬之情。但也有人认为此诗对螃蟹形象的刻画，是塑造了一个横行无忌、为非作歹的反面典型形象，入木三分地讽刺了社会上一些横行霸道之人。所谓诗无达诂，两种理解都不无道理。

渔歌子·荻花秋

【五代时期】李珣

荻①花秋，潇湘②夜，橘洲③佳景如屏画。碧烟中，明月下，小艇垂纶④初罢。

水为乡，篷作舍，鱼羹稻饭常餐也。酒盈杯，书满架，名利不将心挂。

【注　释】

①荻（dí）：多年生草本植物，秋季抽生草黄色扇形圆锥花序，生长在路边和水旁。
②潇湘：两水名，今湖南境内。
③橘洲：在长沙市境内湘江中，又名下洲，旧时多橘，故又称“橘子洲”。
④垂纶（lún）：垂钓。纶，较粗的丝线，常指钓鱼线。

作者名片

李珣（855？—930？），字德润，五代词人，其祖先为波斯人，居家梓州（今四川三台）。生卒年均不详，约唐昭宗乾宁中前后在世。少有时名，所吟诗句，往往动人。著有琼瑶集，已佚，今存词 54 首。

译文

潇湘的静夜里，清风吹拂着秋天的荻花，橘子洲头的美景，宛如屏上的山水画。浩渺的烟波中，皎洁的月光下，我收拢钓鱼的丝线，摇起小船回家。

绿水就是我的家园，船篷就是我的屋舍，山珍海味也难胜过我每日三餐的糙米鱼虾。面对盈杯的水酒，望着诗书满架，我已心满意足，再不用将名利牵挂。

赏析

这首词主要描写了词人的隐逸生活。

上片写景。开头三句点明时间、地点，是地处潇湘的橘子洲的秋夜，荻花临风，美景如画。“碧烟中”三句，将镜头渐次拉近，月光下的江水，轻柔澄碧，云烟淡淡，词中主人公刚刚垂钓完毕，划着小艇在水上荡漾。真是如诗如画，如梦如幻。

下片写人事，主要写词人的隐逸生活及其乐趣。隐在民间，云水就是家乡，蓬舍就是住所，经常吃的是家常的鱼羹稻米饭。杯中斟满美酒，架上摆满书籍，开怀惬意，其乐陶陶，绝不把名利挂在心上。

词人淡淡地写景，不事雕琢，明白如话，把一个远离名利、以隐逸为乐的词人的内心活动真实地展示出来，旷达超脱，余韵悠悠。

南乡子·山果熟

【五代时期】李珣

山果熟，水花香，家家风景有池塘。木兰[1]舟上珠帘卷，歌声远，椰子酒倾鹦鹉盏[2]。

【注　释】

①木兰：木兰花，木兰树质坚硬，是做舟楫的好原料。
②鹦鹉盏：用鹦鹉螺制成的一种酒杯名。

译　文

秋天里，山上的水果成熟了，菱荷也散发着清清的芳香，家家户户都有种藕养鱼的池塘。华丽的木兰舟上珠帘卷起，美妙歌声从舟内传出，小舟渐行渐远，我仍手持鹦鹉杯，饮着江南特有的用椰子酿制的酒浆沉醉其中。

赏析

这首小令，以清新的语言，明快的色调，热情描摹歌颂了江南的风光，让人看到了一幅词人陶醉江南风光的图画。一首仅仅三十个字的小令，却描绘出了江南山光水色之秀美，肥田沃土之喜人，农民之勤劳富庶，富者之悠闲自得，词人之喜悦欢畅，清川之舟楫往还。这样大的含量，写得却不拥不挤，雍容自如，疏淡雅致，这是很难得的。

春光好·天初暖

【五代时期】欧阳炯

天初暖，日初长，好春光。万汇[1]此时皆得意，竞芬芳。

笋迸苔钱[2]嫩绿，花偎雪坞浓香。谁把金丝[3]裁剪却，挂斜阳？

【注 释】

①万汇：万物。

②苔钱：苔点形圆如钱，故称“苔钱”。

③金丝：指柳条。

作者名片

欧阳炯（896—971），益州（今四川成都）人，在后蜀任职为中书舍人。工诗文，特别长于词，又善长笛，是花间派重要作家。其词多写艳情，风格秾丽。曾为《花间集》作序。其词现存40余首，见于《花间集》《尊前集》《唐五代词》。

译 文

和煦的阳光，风和日丽，万物快活地竞相生长。笋儿使着劲儿猛长，身子简直要迸开了，迸出满身嫩绿。花儿羞羞答答地依偎在雪坞上，洒出满世界浓香。透过那金丝般的柳枝，看得见一轮落日，仿佛柳枝就挂在斜阳上。

赏析

此词上片写对锦城成都春光总的印象；下片写园林春色，是特写，是近景。词中突出了春天日光和煦、万物欣欣向荣的特点，并使描写的物象有机地组合为一体，构成一幅明丽和谐的春色图。

江上渔者

【宋】范仲淹

江上往来人，但爱鲈鱼美①。
君看一叶舟②，出没风波里③。

【注　释】

①但：只。爱：喜欢

②君：你。一叶舟：像漂浮在水上的一片树叶似的小船。

③出没：若隐若现。指一会儿看得见，一会儿看不见。风波：波浪。

作者名片

范仲淹（989—1052），字希文。祖籍邠州，后移居苏州吴县。北宋改革家、政治家、军事家、教育家、文学家、思想家。范仲淹政绩卓著，文学成就突出。他倡导的“先天下之忧而忧，后天下之乐而乐”思想和仁人志士节操，对后世影响深远。据《宋史》载，范仲淹作品有《文集》二十卷，《别集》四卷，《尺牍》二卷，《奏议》十五卷，《丹阳编》八卷。北宋有刻本《范文正公文集》，南宋时有乾道刻递修本、范氏家塾岁寒堂刻本，皆二十卷。

译　文

江上来来往往的行人，只喜爱味道鲜美的鲈鱼。
你看那一叶小小渔船，时隐时现在滔滔风浪里。

赏析

这首小诗指出江上来来往往饮酒作乐的人们，只知道品尝味道鲜美的鲈鱼，却不知道也不想知道打鱼人出生入死同惊涛骇浪搏斗的危境与艰辛。全诗通过反映渔民劳作的艰苦，希望唤起人们对民生疾苦的注意，体现了诗人对劳动人民的同情。

九日水阁

【宋】韩琦

池馆隳摧古榭荒[1]，此延嘉客会重阳。
虽惭老圃秋容淡[2]，且看黄花晚节香。
酒味已醇新过熟[3]，蟹螯先实不须霜[4]。
年来饮兴衰难强，漫有高吟[5]力尚狂。

【注　释】

①池馆：池苑馆舍。隳摧（huī cuī）：颓毁，倾毁。榭（xiè）：水边屋亭。
②惭：惭愧。老圃：原指老菜农、老园丁，这里指古旧的园圃。秋容淡：亦意含双关，兼指秋光与诗人老年容色。
③醇：酒味厚。新过熟：谓新酿的酒已很熟。熟，一作“热”。
④蟹螯（áo）：本指蟹的第一对足，此处代指蟹，一作“蟹黄”。实：指蟹肉已长满。
⑤漫：空。高吟：指吟诗。

作者名片

韩琦（1008—1075），字稚圭，自号赣叟，相州安阳（今属河南）人。北宋政治家、名将，天圣进士。初授将作监丞，历枢密直学士、陕西经略安抚副使、陕西四路经略安抚招讨使。与范仲淹共同防御西夏，名重一时，时称“韩范”。《宋史》有传。著有《安阳集》五十卷。《全宋词》录其词四首。

译　文

池畔的堂馆已经坍塌，古老的台阁一片荒凉，我在此地殷勤接待嘉客，共同度过这美好重阳。虽然惭愧古旧的园圃秋色疏淡，就像我老去的面容一样，但请看一看晚年的气节，正如盛开的黄菊散发清香。新酿的美酒已经很熟，味道醇厚而又芬芳。螃蟹早就长得肥嫩，不必再等秋日的寒霜。近年来豪饮的兴致衰败难以勉强，只有高吟诗歌的才力还十分旺盛。

赏析

韩琦这首七律，可谓信手拈来，“咸得于自然”，浑然天成。也就是诗人直抒胸臆而作诗，而不是“出于经史”；整首诗歌体现的并不是在秋色里持续的消沉，而是在一片肃杀的秋景之中强调一种高洁的人品，这正是这首诗歌能够被人广为流传的主要原因之一。

猪肉颂

【宋】苏轼

净洗铛[①]，少著水，柴头[②]罨[③]烟焰不起。待他自熟莫催他，火候足时他自美。黄州好猪肉，价贱如泥土。贵者不肯吃，贫者不解[④]煮，早晨起来打两碗，饱得自家君莫管。

【注　释】

①铛：锅。
②柴头：柴火，做燃料用的柴木、杂草等。
③罨（yǎn）：掩盖，掩覆。
④解：了解。

作者名片

苏轼（1037—1101），字子瞻、和仲，号铁冠道人、东坡居士，世称苏东坡、苏仙，眉州眉山（今天四川眉山）人，祖籍河北栾城，北宋著名文学家、书法家、画家，历史治水名人。苏轼是北宋中期文坛领袖，在诗、词、散文、书、画等方面取得很高成就。文纵横恣肆；诗题材广阔，清新豪健，善用夸张比喻，独具风格，与黄庭坚并称“苏黄”；词开豪放一派，与辛弃疾同是豪放派代表，并称“苏辛”；散文著述宏富，豪放自如，与欧阳修并称“欧苏”，为“唐宋八大家”之一。苏轼善书法，是“宋四家”之一；擅长文人画，尤擅墨竹、怪石、枯木等。

译文

洗干净锅，放少许水，燃上柴木、杂草，抑制火势，用不冒火苗的虚火来煨炖。等待它自己慢慢地熟，不要催它，火候足了，它自然会滋味极美。黄州有这样好的猪肉，价钱却贱得像泥土一样；富贵人家不肯吃，贫困人家又不会煮。我早上起来打上两碗，自己吃饱了您莫要理会。

赏析

苏轼此诗题的《猪肉颂》三字中，看似滑稽，实际是在幽默中蕴含了严肃的主题的。作者的颂，当然包括了在味觉方面的享受，对自身的烹调创新方面的自得；但是当我们了解了苏东坡当时的艰难处境时，就会在诗人享受味觉美味后面，朦胧看到一个不屈的灵魂，一个在为人处世方面，永远追求更高远深刻的情味的、将日常生活与理性思考方面达到“知行合一”理想的哲人。尤其是作者将烹调艺术与人生超越的理想有机结合为一体，为我们所做出了典范——猪肉，是猪肉本身，又像是别的什么。

食荔枝

【宋】苏轼

罗浮山①下四时春，卢橘杨梅次第新。
日啖荔枝三百颗，不辞长作岭南人。

【注　释】

①罗浮山：在广东博罗、增城、龙门三县交界处，长达百余公里，峰峦四百多，风景秀丽，为岭南名山。

译　文

罗浮山下四季都是春天，枇杷和黄梅天天都有新鲜的。如果每天吃三百颗荔枝，我愿意永远都做岭南的人。

赏析

绍圣三年（1096）作于惠州，此题下有两首，这里选第二首。岭南两广一带在宋时为蛮荒之地，罪臣多被流放至此。迁客逐臣到这里，往往颇多哀怨嗟叹之词，而东坡则不然，他在这首七绝中表现出他素有的乐观旷达、随遇而安的精神风貌，同时还表达了他对岭南风物的热爱之情。其中“日啖荔枝三百颗，不辞长作岭南人”二句最为脍炙人口，解诗者多以为东坡先生在此赞美岭南风物，从而抒发对岭南的留恋之情，其实这是东坡先生满腹苦水唱成了甜甜的赞歌。

减字木兰花·荔枝

【宋】苏轼

闽溪珍献[①]，过海云帆来似箭。玉座金盘[②]，不贡奇葩四百年[③]。

轻红酽白，雅称佳人纤手擘[④]。骨[⑤]细肌香，恰是当年十八娘[⑥]。

【注 释】

①闽（mǐn）溪：闽江，代指福建。珍献：珍贵贡品。
②玉座：器物的饰玉底座。金盘：金属制成的食品盘。
③奇葩：珍奇的花果，这里代指荔枝。四百年：从隋大业年间到宋绍圣年间约四百九十年。四百年为约数。
④酽（yàn）：浓。雅称：正适合。佳人：美女。擘（bò）：分开，剖裂。
⑤骨：核仁。
⑥十八娘：既是人名，又是荔枝名。

译 文

福建产的珍贵贡品，经海运输的船队来往快速。玉座的金盘空空如也，不贡荔枝的历史已有四百年了。

荔枝壳轻红、肉浓白，正适合美女的细长的手去剥开它。荔枝核仁小、果肉香，恰巧像当年的名品“十八娘”荔枝。

赏析

上片写荔枝贡史。“闽溪珍献，过海云帆来似箭”，叙述运输贡品荔枝的艰辛。不“珍”不能作为“献”品。皇上看中了的荔枝，就是远隔千山万水，还是得按时送到。

其辛苦程度可想而知。原来运贡荔枝是从陆路，即使这样，仍然免不了遭受劳民伤财之灾，因要保鲜，不得不经由海路运输。唐代咸通七年（866），终于停贡荔枝，使得朝廷上下“金盘”皆罄，即词人在词中所写“玉座金盘，不贡奇葩四百年”。这种贡史的结束，标志着中国农民人权取得一大进步，值得庆贺。下片，词人写自己现时食鲜荔枝的美味。“轻红酽白，雅称佳人纤手擘。”历史衍进到了宋代，荔枝的命运发生了变化。谁能想象，当年皇上能见到现时“轻红酿白”的鲜荔枝，能见到现时这种“佳人纤手擘”的鲜荔枝。若不是贡荔枝史的结束，今日词人也只能望荔枝而止步，也吃不到“闽溪珍献”。“骨细肌香，恰似当年十八娘。”由“轻红酿白”写到“骨细肌香”，赞颂了荔枝的外表美和内在美，胜似“佳人”“十八娘”。词人以“十八娘”来美化荔枝则有其特殊的含意。词人吃的鲜荔枝“恰似当年”名叫“十八娘”的荔枝珍品，富有传奇色彩。

全词以古今对比的手法，写了词人西湖食荔枝的情趣。色调鲜明，词语轻快，有如“佳人纤手擘”荔枝似的。词中提到的“十八娘”，一语双关，既赞美了十八娘，又烘托了荔枝品质。

於潜僧绿筠轩[1]

【宋】苏轼

宁可食无肉，不可居无竹。

无肉令人瘦，无竹令人俗。

人瘦尚可肥，士俗不可医。

旁人笑此言，似高还似痴。

若对此君仍大嚼[2]，世间那有扬州鹤[3]？

【注 释】

①於潜：旧县名，在今浙江省临安市境内，县南有寂照寺，寺中有绿筠轩。僧：名孜，字惠觉，出家于於潜县的丰国乡寂照寺。

②此君：用晋王徽之典故。王徽之酷爱竹子，有一次借住在朋友家，立即命人来种竹，人问其故，徽之说："何可一日无此君。"此君即是竹子。大嚼：语出曹丕《与吴质书》："过屠门而大嚼，虽不得肉，贵且快意。"

③扬州鹤：语出《殷芸小说》，故事的大意是，有客相从，各言所志，有的是想当扬州刺史，有的是愿多置钱财，有的是想骑鹤上天，成为神仙。其中一人说：他想"腰缠十万贯，骑鹤上扬州"，兼得升官、发财、成仙之利。

译 文

宁可没有肉吃，也不能让居处没有竹子。

没有肉吃人不过会瘦掉，但没有竹子就会让人变庸俗。

人瘦还可变肥，人俗就难以医治了。

旁人若果对此不解，笑问此言："似高还似痴？"

那么请问，如果面对此君（竹），仍然大嚼，既要想得清高之名，又要想获甘味之乐，世上又哪来"扬州鹤"这等鱼和熊掌兼得的美事呢？

赏析

这首诗是借题"於潜僧绿筠轩"歌颂风雅高节，批判物欲俗骨。诗以议论为主，但写得很有风采。这首诗以五言和议论为主。但由于适当采用了散文化的句式（如"不可使居无竹""若对此君仍大嚼"等）以及赋的某些表现手法（如以对白方式发议论等），因而能于议论中见风采，议论中有波澜，议论中寓形象。苏轼极善于借题发挥，有丰富的联想力，能于平凡的题目中别出新意，吐语不凡，此诗即是一例。

惠崇春江晚景二首·其一①

【宋】苏轼

竹外桃花三两枝，春江水暖鸭先知。
蒌蒿满地芦芽短②，正是河豚欲上时③。

【注　释】

①惠崇：福建建阳僧，宋初九僧之一，能诗能画。
②芦芽：芦苇的幼芽，可食用。
③上：指逆江而上。

译　文

竹林外两三枝桃花初放，水中嬉戏的鸭子最先察觉到初春江水的回暖。河滩上长满了蒌蒿，芦苇也长出短短的新芽，而河豚此时正要逆流而上，从大海洄游到江河里来了。

赏析

这首题图诗，着意刻画了一派初春的景象。诗人先从身边写起：初春，大地复苏，竹林已被新叶染成一片嫩绿，更引人注目的是桃树上也已绽开了三两枝早开的桃花，色彩鲜明，向人们报告春的信息。接着，诗人的视线由江边转到江中，那在岸边期待了整整一个冬季的鸭群，早已按捺不住，抢着下水嬉戏了。然后，诗人由江中写到江岸，更细致地观察描写初春景象：由于得到了春江水的滋润，满地的蒌蒿长出新枝了，芦芽儿吐尖了；这一切无不显示了春天的活力，惹人怜爱。诗人进而联想到，这正是河豚肥美上市的时节，引人更广阔的遐

想……全诗洋溢着一股浓厚而清新的生活气息。

这首诗成功地写出了早春时节的春江景色，苏轼以其细致、敏锐的感受，捕捉住季节转换时的景物特征，抒发对早春的喜悦和礼赞之情。全诗春意浓郁、生机蓬勃，给人以清新、舒畅之感。

初到黄州

【宋】苏轼

自笑平生为口忙①，老来事业转荒唐。
长江绕郭知鱼美，好竹连山觉笋香。
逐客不妨员外置②，诗人例作水曹郎③。
只惭无补丝毫事，尚费官家压酒囊。

【注　释】

①为口忙：语意双关，既指因言事和写诗而获罪，又指为谋生糊口，并呼应下文的“鱼美”和“笋香”的口腹之美。

②逐客：贬谪之人，作者自谓。员外：定额以外的官员，苏轼所任的检校官亦属此列，故称。

③水曹郎：隶属水部的郎官。

译　文

自己都感到好笑，一生都为谋生糊口到处奔忙，等老了发现这一生的事业很荒唐。长江环抱城郭，深知江鱼味美，茂竹漫山遍野，只觉阵阵笋香。贬逐的人，当然不妨员外安置，诗人惯例，都要做做水曹郎。惭愧的是我劝政事已毫无补益，还要耗费官府俸禄，领取压酒囊。

赏析

这首诗语言平实清浅，却深刻揭示出苏轼初到黄州时复杂矛盾的心情。诗以自嘲口吻开头，此前诗人一直官卑职微，只做过杭州通判，密州、徐州、湖州三州知州，到湖州仅两月便下御史台狱，年轻时的抱负均成泡影，只能说为口腹生计而奔忙。“老来”，诗人当时45岁，这个年龄在古人已算不小了。“事业转荒唐”指“乌台诗案”事，屈沉下僚尚可忍耐，无端的牢狱之灾更使他检点自己的人生态度，“荒唐”二字是对过去的自嘲与否定，却含有几分牢骚。面对逆境，苏轼以平静、旷达的态度对待。初到黄州，正月刚过，又寄居僧舍，却因黄州三面为长江环绕而想到可有鲜美的鱼吃，因黄州多竹而犹如闻到竹笋的香味，把视觉形象立即转化为味觉嗅觉形象，表现出诗人对未来生活的憧憬，紧扣“初到”题意，亦表露了诗人善于自得其乐、随缘自适的人生态度。后四句为作者自嘲，颈联写以祸为福的宽慰心态，用典自况。尾联写无功受禄的愧怍，质朴自然，表现了诗人的豁达和自得。

忆江南寄纯如五首·其二

【宋】苏轼

湖目①也堪供眼，木奴②自足为生。
若话三吴③胜事，不惟千里莼羹④。

【注　释】

①湖目：莲子的异名。
②木奴：这里指柑橘。
③三吴：一般意义上的三吴是泛指江南吴地。
④莼羹：用莼菜烹制的羹。

译文

莲子也是可以供人欣赏，种些柑橘自给自足维持生计。

如果要说江南美好的事情，千里湖里莼菜做的汤是最鲜美的。

赏析

莼羹，用莼菜做的羹。莼菜是江南独有的水生野蔬，北魏贾思勰《齐民要术》载："莼性纯而易生，种以浅深为候，水深则茎肥而叶少，水浅则茎瘦而叶多。其性逐水而滑，故谓之莼菜。"莼羹是很受欢迎的江南美味。

水龙吟·小沟东接长江

【宋】苏轼

小沟东接长江，柳堤苇岸连云际。烟村潇洒，人闲一哄，渔樵早市。永昼端居①，寸阴虚度，了成何事。但丝莼玉藕，珠粳锦鲤，相留恋，又经岁。

因念浮丘②旧侣，惯瑶池、羽觞沈醉③。青鸾④歌舞，铢衣摇曳⑤，壶中天地⑥。飘堕人间，步虚声⑦断，露寒风细⑧。抱素琴，独向银蟾影里，此怀难寄。

【注　释】

①永昼：白天。端居：谓平常居处，安居。

②浮丘：浮丘公，古仙人名。

③羽觞（shāng）：酒器，酒盏。形似羽（鸟）、觞（兽），故名。沈：即“沉”。
④青鸾（luán）：女子，这里指歌伎舞女。
⑤铢（zhū）衣：轻衣。古代二十四铢为两，这里极言衣轻。摇曳：飘荡。
⑥壶中天地：仙境之一。
⑦步虚声：道士唱经礼赞声。
⑧露寒风细：喻指贫寒生活。

译文

亭前小沟东临长江，柳岸苇堤一望无际，安静的村庄只有卖鱼卖柴的人在早上做生意时才喧闹一阵子。整天安居无事，光阴白白度过，什么事也未做成。不过，莼菜、白藕、珍米、锦鲤等食物，年复一年地离开不了。

想和旧友痛饮如浮丘在瑶池般的生活，歌伎舞女穿着仙女般飘柔的衣，轻歌曼舞于仙境。飘落到了人间，再也听不到道士诵经之声，只好过着风露交加的生活。我抱着一张白色的琴，独自一人面对月宫弹奏；否则，对君思念之情是难以寄托的。

赏析

上片，运用景事反观手法，写功名未就，感到空悲而又极力排遣与安慰的心态。下片，运用仙话寄托的笔法，回忆起京城令作者陶醉的生活，感叹贬居黄州后的无奈心境。全词以景托情，正反观照，杂以仙话的点化引用，作者将自己此时此地对人生、对现实怀有虚无感和伤叹感表达得淋漓尽致。道时光易逝，叹怀才不遇；借仙话隐道，解脱空虚愁苦。纵观全词，虽以“抱琴”“独向银蟾”遥慰，仍隐留着“此怀难寄”之感。

四月十一日初食荔枝

【宋】苏轼

南村诸杨北村卢，白华青叶冬不枯。
垂黄缀紫烟雨里，特与荔枝为先驱①。
海山仙人绛罗襦②，红纱中单白玉肤③。
不须更待妃子笑，风骨自是倾城姝。
不知天公有意无，遣此尤物④生海隅。
云山得伴松桧老，霜雪自困楂梨粗。
先生洗盏酌桂醑⑤，冰盘荐此赪虬珠⑥。
似闻江鳐斫玉柱⑦，更洗河豚烹腹腴⑧。
我生涉世本为口，一官久已轻莼鲈。
人间何者非梦幻，南来万里真良图⑨。

【注　释】

①先驱：杨梅、卢橘开花结果都比荔枝早，果味又不及荔枝美，故称“先驱”。
②海山仙人：指荔枝，因它产于南海滨。绛罗襦：形容荔枝外表如大红罗袄。
③红纱中单：形容荔枝的内皮如同红纱的内衣；中单：贴身内衣。白玉肤：形容荔枝的瓤肉莹白如玉。
④尤物：指特别美的女子或特别名贵的物品，这里指荔枝。
⑤桂醑（xǔ）：新酿的桂酒。
⑥赪（chēng）虬珠：赤龙珠，指荔枝。
⑦斫（zhuó）：用刀切开。江鳐：蛤蜊一类的名贵海味。
⑧腹腴：鱼腹下的肥肉。
⑨良图：最好的计划，谋略，更带讽刺意味。

译　文

南有杨梅北有卢橘，白色的花朵青青的叶子冬天也不落败。烟雨蒙蒙的春天，它们的果实开始成熟，堪称荔枝的先驱。荔枝的外壳好似海上仙女的大红袄，荔枝的内皮便是仙女红纱的内衣。根本无须美人杨贵妃赏鉴，荔枝本身自有动人的资质、绝世的姿容。天公遗留这仙品在凡尘，不知是有意为之，还是无意使然。这荔枝与松树一同生长，不像山楂、梨子那样，会因霜雪变得果质粗糙。主人清洗杯盏，斟满了美酒，用洁白的盘子端来了这红色龙珠般的荔枝。我听说荔枝的美味好似烹制好的江鳐柱，又像鲜美的河豚腹。我一生做官不过是为了糊口养家，为求得一官半职，早把乡土之念看轻了。哪里知道人生变幻无常，居然能在异乡品尝到如此佳果，贬谪到这遥远的南方也是一件好事啊。

赏析

绍圣二年（1095）四月，苏轼第一次吃到了因博得过杨贵妃一笑而闻名的荔枝。经他的品赏，荔枝本身就被比作了穿着绛罗襦和红纱内衫的海山仙人、倾城美女，不是给“妃子笑”做陪衬的物品了。相反在诗里，妃子倒过来只成了荔枝的陪衬，一起作为陪衬的还有山楂和梨，都被荔枝比下去了。与荔枝同享赞美的是作为荔枝伴侣的松、桧和品味相像的江鳐柱、河豚，而杨梅和卢橘则因为比荔枝稍为早熟，许其为“先驱”。东坡先生一边喝着桂花酒，一边饶有兴致地做着点评，令人感到情趣盎然，而细读之下，却又寓意良深。荔枝的“厚味”和“高格”原是东坡先生的人格像喻，“不须更待妃子笑，风骨自是倾城姝”，寓含着不需要皇家的赏鉴，其自身的美便具有价值的意思。

浣溪沙·咏橘

【宋】苏轼

菊暗荷枯一夜霜①。新苞②绿叶照林光。竹篱茅舍出青黄③。

香雾噀人惊半破④，清泉⑤流齿怯初尝。吴姬⑥三日手犹香。

【注　释】

①一夜霜：橘经霜之后，颜色开始变黄而味道也更美。
②新苞：指新橘。
③青黄：指橘子，橘子成熟时，果皮由青色逐渐变成金黄色。
④噀（xùn）：喷。半破：指刚刚剥开橘皮。
⑤清泉：喻橘汁。
⑥吴姬：吴地美女。

译　文

一夜霜冻过后，菊花凋残，荷叶枯萎，经霜变黄的橘子和绿叶相映衬，光亮照眼，竹篱茅舍掩映在青黄相间的橘林之间。破开橘皮，芳香的油腺如雾般喷溅；初尝新橘，汁水在齿舌间如泉般流淌。吴地女子的手剥橘后三日还有香味。

赏析

作者借咏橘之题材以抒发自己清新高洁之性情。上片借写菊与荷经受不住寒霜的摧残，写出橘树耐寒的品性和它在屋前

屋后生长的繁盛景况。下片写出品尝新橘的情状和橘果的清香，一个"惊"字，一个"怯"字，用得十分巧妙精当，颇能传出品尝者的神态，结句更以"三日手犹香"来夸张、突出橘果之香。全词描绘细致，形神兼备，饱有余味。

浣溪沙·细雨斜风作晓寒

【宋】苏轼

元丰七年十二月二十四日，从泗州刘倩叔[①]游南山[②]。

细雨斜风作晓寒，淡烟疏柳媚晴滩[③]。入淮清洛渐漫漫[④]。

雪沫乳花浮午盏[⑤]，蓼茸蒿笋试春盘[⑥]。人间有味是清欢。

【注　释】

①刘倩叔：名士彦，泗州人，生平不详。
②南山：在泗州东南，景色清旷，宋米芾称为淮北第一山。
③媚：美好。此处是使动用法。滩：十里滩，在南山附近。
④洛：洛河，源出安徽定远西北，北至怀远入淮河。漫漫：水势浩大。
⑤雪沫乳花：形容煎茶时上浮的白泡。午盏：午茶。
⑥蓼（liǎo）茸：蓼菜嫩芽。春盘：旧俗，立春时用蔬菜水果、糕饼等装盘馈赠亲友。

译　文

细雨斜风天气微寒。淡淡的烟雾和稀疏的杨柳使初晴后的沙滩更妩媚。清澈的洛涧汇入淮河，水势浩大，茫茫一片。

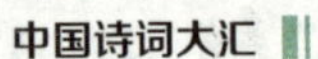

泡上一杯浮着雪沫乳花似的清茶，品尝山间嫩绿的蓼芽蒿笋的春盘素菜。人间真正有滋味的还是清淡的欢愉。

赏析

这是一首纪游词，是以时间为序来铺叙景物的。词的上片写沿途景观。下片转写作者游览时的清茶野餐及欢快心情。这首词，色彩清丽而境界开阔的生动画面中寄寓着作者清旷、娴雅的审美趣味和生活态度，给人以美的享受和无尽的遐思。

渔父[1]·渔父饮

【宋】苏轼

渔父饮，谁家去。鱼蟹一时分付[2]。酒无多少醉为期[3]，彼此不论钱数。

【注释】

①渔父：原为《庄子》和《楚辞》篇名，后用为词牌名。
②一时：同时。分付：交给。
③为期：为限。

译文

渔父想饮酒，到哪一家去好呢？鱼和螃蟹同时交给了酒家换酒喝。饮酒不计多少量，一醉方休。渔父的鱼蟹与酒家的酒彼此之间何必谈论钱数。

赏析

作品一开头，就以发问的句式“渔父饮，谁家去”，突出烘托渔父以鱼蟹换酒的宁静气氛，到底想去哪个酒家。其意有二：一是哪一家能以鱼蟹换酒，二是哪一家的酒质最好。这从一个侧面反映了渔父的贫苦状态，也隐含了作者对渔父的深深同情之心。

紧接着写渔父与酒家的和谐与体贴的良好关系，“酒无多少醉为期”，这是酒家发出的敬言，让渔父只管饮酒，饮多饮少，酒家不在乎。

最后一句“彼此不论钱数”，是作者的评论，也是点题之笔，充分反映了当地渔父与酒家这些社会底层的人民最宝贵的品质：善良、纯真和质朴。用浅易的语言说世俗的生活，尽显日常生活的状态与趣味。

南歌子·游赏

【宋】苏轼

山与歌眉敛，波同醉眼流。游人都上十三楼①。不羡竹西②歌吹、古扬州。

菰黍连昌歜③，琼彝倒玉舟④。谁家水调唱歌头。声绕碧山飞去、晚云留。

【注　释】

①十三楼：宋代杭州名胜。
②竹西：扬州亭名。

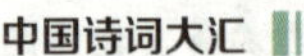

③菰黍（gū shǔ）：指粽子。菰，本指茭白，此指裹粽的菰叶。昌歜（chāng chù）：宋时以菖蒲嫩茎切碎加盐以佐餐，名昌歜。

④琼彝（yí）：玉制的盛酒器皿。玉舟：玉制的酒杯。

译 文

山色与歌女黛眉浓聚一样绿，碧波就像人的朦胧醉眼一样流。人们都爱登上十三楼，不再羡慕竹西歌吹的古扬州。

菰米软糕昌歜菜，玉壶向玉杯倾倒着美酒。不知谁家唱起水调歌头，歌声绕着青山飞去晚云又将它挽留。

赏析

这首词写的是杭州的游赏之乐，但并非写全杭州或全西湖，而是写宋时杭州名胜十三楼。然而，此词虽以写十三楼为中心，却也没有将这一名胜的风物作细致的刻画，而是运用写意的笔法，着意描绘听歌、饮酒等雅兴豪举，烘托出一种与自然同化的精神境界，给人一种飘然欲仙的愉悦之感；同时，对比手法的运用也为此词增色不少，词中十三楼的美色就是通过与竹西亭的对比而实现出来的，省去了很多笔墨，却增添了强烈的艺术效果。此外，移情手法的运用也不可小看。作者利用眉峰与远山、目光与水波的相似，赋予远山和水波以人的感情，创造出“山与歌眉敛，波同醉眼流”的迷人的艺术佳境。晚云为歌声而留步，自然也是一种移情，耐人品味。

新城道中二首·其一

【宋】苏轼

东风知我欲山行，吹断檐间积雨声。
岭上晴云披絮帽[①]，树头初日挂铜钲[②]。
野桃含笑竹篱短，溪柳自摇沙水清。
西崦[③]人家应最乐，煮芹烧笋饷春耕。

【注 释】

①絮帽：棉帽。
②钲（zhēng）：古代乐器，铜制，形似钟而狭长，有长柄可执，口向上以物击之而鸣，在行军时敲打。
③西崦（yān）：这里泛指山。

译 文

东风像是知道我要到山里行，吹断了檐间连日不断的积雨声。岭上浮着的晴云似披着棉帽，树头升起的初日像挂着铜钲。矮矮竹篱旁野桃花点头含笑，清清的沙溪边柳条轻舞多情。生活在西山一带的人家应最乐，煮葵烧笋吃了好闹春耕。

赏析

这首诗是苏轼在去往新城途中，对秀丽明媚的春光、繁忙的春耕景象的描绘。清晨，诗人准备启程了。东风多情，雨声有意。为了诗人旅途顺利，和煦的东风赶来送行，吹散了阴云；淅沥的雨声及时收敛，天空放晴。“檐间积雨”，说明这场春雨下了多日，正当诗人“欲山行”之际，东风吹来，雨过天晴，诗人心中的阴影也一扫而光，所以他要把东风视为通达人情的老朋友一般了。出远门首先要看天色，既然天公作美，那就决定了旅途中的愉悦心情。出得门来，首先映入眼帘的是那迷人的晨景：白色的雾霭笼罩着高高的山顶，仿佛山峰戴了一顶棉制的头巾；一轮朝阳正冉冉升起，远远望去，仿佛树梢上挂着一面又圆又亮的铜钲。穿山越岭，再往前行，一路上更是春光明媚、春意盎然。鲜艳的桃花，矮矮的竹篱，袅娜的垂柳，清澈的小溪，再加上那正在田地里忙于春耕的农民，有物有人，有动有静，有红有绿，构成了一幅画面生动、色调和谐的农家春景图。雨后的山村景色如此清新秀丽，使得诗人出发时的愉悦心情有增无减。因此，从他眼中看到的景物都带上了主观色彩，充满了欢乐和生意。野桃会“含笑”点头，“溪柳”会摇摆起舞，十分快活自在。而诗人想象中的“西崦人家”更是其乐无比：日出而作，日入而息；田间小憩，妇童饷耕；春种秋收，自食其力，不异桃源佳境。这些景致和人物的描写是作者当时欢乐心情的反映，也表现了他厌恶俗务、热爱自然的情趣。

菩萨蛮·回文夏闺怨[1]

【宋】苏轼

柳庭风静人眠昼，昼眠人静风庭柳。香汗薄衫凉，凉衫[2]薄汗香。

手红冰[3]碗藕，藕碗冰[4]红手。郎笑藕丝长[5]，长丝藕笑郎。

【注　释】

①回文：诗词的一种形式，因回环往复均能成诵而得名，相传起于前秦窦滔妻苏蕙的《璇玑图》。闺怨：女子所抒愁怨。
②凉衫：薄质便服。
③冰：古人常有在冬天凿冰藏于地窖的习惯，待盛夏之时取之消暑。
④冰：名词使动用法，使……冰冷。
⑤藕丝长：象征着人的情意长久。古诗中，常用“藕”谐“偶”，以“丝”谐“思”。

译　文

长满柳树的庭院里静悄悄的，女主人在白昼里睡眠正香，在白昼里有睡眠正香的女主人，静悄悄的微风还吹拂在那庭院里的柳树上。只见她冒着香喷喷的汗水，穿着那薄薄的衣衫，让人感觉她是那样的凉爽，让人感觉凉爽的衣衫薄薄的，里面还冒着汗水又是那么的香。

她睡醒了，只见她嫩红的手端着一碗冰凉凉的凉拌藕片，装着凉拌藕片的大碗又冰着她那嫩红的手掌。郎君讥笑她藕丝牵连得是那样的长，长长的藕丝却又讥笑那郎君的傻样。

赏析

这首回文词是作者“回时闺怨”中的“夏闺怨”。上片写闺人昼寝的情景，下片写醒后的怨思。用意虽不甚深，词语自清美可诵。“柳庭”二句，关键在一“静”字。上句云“风静”，下句云“人静”。风静时庭柳低垂，闺人困倦而眠；当昼眠正熟，清风又吹拂起庭柳了。同是写“静”，却从不同角度着笔。静中见动，动中有静，颇见巧思。三、四句，细写昼眠的人。风吹香汗，薄衫生凉；而在凉衫中又透出微微的汗香。变化在“薄衫”与“薄汗”二语，写衫之薄，点出“夏”意，写汗之薄，便有风韵，而以一“凉”字串起，夏闺昼眠的形象自可想见。过片二句，是睡醒后的活动。她那红润的手儿持着盛

了冰块和莲藕的玉碗，而这盛了冰块和莲藕的玉碗又冰了她那红润的手儿。上句的“冰”是名词，下句的“冰”作动词用。古人常在冬天凿冰藏于地窖，留待夏天解暑之用。

自金山放船至焦山[1]

【宋】苏轼

金山楼观何眈眈，撞钟击鼓闻淮南[2]。
焦山何有有修竹，采薪汲水僧两三。
云霾浪打人迹绝，时有沙户祈春蚕。
我来金山更留宿，而此不到心怀惭。
同游尽返[3]决独往，赋命穷薄轻江潭。
清晨无风浪自涌，中流歌啸倚半酣。
老僧下山惊客至，迎笑喜作巴人谈。
自言久客忘乡井，只有弥勒为同龛。
困眠得就纸帐暖，饱食未厌山蔬甘。
山林饥卧古亦有，无田不退宁非贪。
展禽虽未三见黜，叔夜自知七不堪。
行当投劾谢簪组[4]，为我佳处留茅庵。

【注　释】

①焦山：在长江中，因汉末焦先隐居于此，故名，与金山对峙，并称“金、焦”。
②淮南：指扬州。
③尽返：一本作“兴尽”。
④投劾（hé）：指自劾。劾，检举过失。谢簪（zān）组：辞去官职。

译文

金山的寺院楼阁多么壮伟深邃，撞钟击鼓的洪亮声音一直传到淮南。焦山到底有什么？只有茂密长竹，打柴汲水的僧侣不过二三。翻卷的波涛汹涌人迹罕至，时有沙田农户前去祈求春蚕。我来金山还在此地留宿，不去焦山让我心中自惭。同游的人都已返回，我决然独自前往，天生命穷运薄不惧怕险恶的江潭。清晨无风波浪兀自腾涌，舟行中流，我高歌长啸趁着饮酒半酣。老僧下山惊异我这远客来到，笑着迎接知是同乡，欣喜地亲切交谈。老僧说久客异地已忘怀故里，终年只是跟弥勒佛相随相伴。困眠时纸帐中十分温暖，饱食从来没嫌弃山中菜蔬味道不甘。居住在山林从古以来就会有饥饿，未置田产因此不肯退隐岂不太贪？我虽然没像展禽那样三次被罢，却如嵇康般自知出仕有七种不堪。我就要自己请求辞去官职，请为我在山水佳处留一茅屋且把身安。

赏析

篇首极言金山楼观壮伟深沉，钟鼓声响亮清远，以见僧徒之众、香火之盛，并用此对比写出焦山的清静冷落。诗人对那些不愿前往冷寂焦山的同游者，进行了隐约的嘲讽，实际上也就是对名利场中俗子的鄙视。然后他又以自傲的口吻写到诗人以穷薄之命不畏江潭之险，独自遨游，饮酒歌啸的超然之乐。又写到焦山老僧惊见客至，笑迎交谈得知竟是同乡，于是诗人在观赏山水景色之外，得到了他乡遇故人的分外之乐。老僧简朴宁静的生活，引起了诗人对山林的向往。他慨叹自身不能见容于朝廷，刚直的生性也很难适应险恶的官场，因此在篇末表露出想要辞官归隐的意愿。全诗于纪游中多抒感慨，语言自然流利。

文氏外孙入村收麦

【宋】苏辙

欲收新麦继陈谷，赖有诸孙替老人。
三夜阴霪败场圃，一竿[1]晴日舞比邻。
急炊大饼偿饥乏，多博村酤[2]劳苦辛。
闭廪[3]归来真了事，赋诗怜汝足精神。

【注 释】

①一竿：指太阳升起的高度。
②村酤（gū）：农家自酿的酒。酤，酒。
③闭廪：关闭粮仓。廪，粮仓。

作者名片

苏辙（1039—1112），字子由，汉族，眉州眉山（今属四川）人，北宋文学家、宰相。唐宋八大家之一，与父洵、兄轼齐名，合称三苏。其生平学问深受其父兄影响，以散文著称，擅长政论和史论，苏轼称其散文“汪洋淡泊，有一唱三叹之声，而其秀杰之气终不可没”。其诗力图追步苏轼，风格淳朴无华，文采稍逊。苏辙亦善书，其书法潇洒自如，工整有序。著有《栾城集》等。

译 文

快到收割新熟的麦子来接续去年的陈谷的时候了，幸亏有各孙辈来替我收割。连续几个晚上的阴雨毁坏了收打作物的场圃，初升的太阳令乡邻欢欣鼓舞。赶紧做好大饼给外孙吃以补偿他的饥饿困乏，多取一些自酿的酒来慰劳辛勤收割的外孙。收好新麦关闭粮仓回到家里总算结束了农事，写下这首诗来赞扬外孙不辞劳苦的精神。

赏析

这首诗描写的是苏辙晚年闲居颍昌时的日常生活情景。在麦收季节，外孙文骥来村里帮助自己收割麦子，苏辙写此诗记录。从诸孙入村帮自己收麦写起，写出久雨忽晴、宜事农桑的喜悦。结合苏辙晚年的遭遇（因为遭受政治上的禁锢，成为朝廷监管的对象，苏辙被迫选择了一种离群索居的生活，几乎断绝了与官场同僚、朋友的交往，这就使得家庭生活成为他诗歌写作的核心内容），其背后也可能暗含自己早已主动疏离且不关心政治和官场的深意。

跋子瞻和陶诗[1]

【宋】黄庭坚

子瞻谪岭南，时宰[2]欲杀之。
饱吃惠州饭，细和渊明诗。
彭泽[3]千载人，东坡百世士。
出处[4]虽不同，风味乃相似。

【注　释】

①跋（bá）：文体的一种，多写在书籍和文章的后面。和陶诗：和陶渊明的诗。
②时宰：当时的执政者，指章惇。
③彭泽：地名，在今江西九江东北部。陶渊明曾在此地作县令，因不愿“为五斗米折腰”而辞官归乡。这里以彭泽指代陶渊明。
④处：隐居田园。

作者名片

黄庭坚（1045—1105），字鲁直，号山谷道人、涪翁，洪州分宁（今江西修水）人，北宋著名文学家、书法家、江西诗派开山之祖。早年以诗文受知于苏轼，与张耒、晁补之、秦观并称“苏门四学士”。与苏轼齐名，世称“苏黄”。诗以杜甫为宗，有“夺胎换骨”“点铁成金”之论，风格奇硬拗涩，开创江西诗派，在宋代影响颇大。又能词。兼擅行书、草书，为“宋四家”之一。

译文

苏子瞻被贬官到岭南，当宰相的想要把他杀死。

他饱吃了惠州的饭，又认真地和了渊明的诗。

陶彭泽是千古不朽的人物，苏东坡也是百代传名的贤士。

苏的出仕与陶的归隐，情况虽有不同，但两人的风格和情味，却是多么相似啊。

赏析

苏轼针对陶渊明写的和诗有一百零九首，风格内容多种多样。诗人却紧紧抓住“风味乃相似”这个特点，专写苏轼胸怀。言为心声，其人如此，与陶渊明相似。这是诗人以简驭繁，遗貌取神，探骊得珠之处。而八句之中上下联系数百年，至少有四次转折，这是诗人古体诗短篇的刻意求精之作。诗人崇尚“平淡而山高水深”的风格，这首诗就具有这样的特点。

送王郎[1]

【宋】黄庭坚

酌君以蒲城桑落之酒[2]，泛君以湘累[3]秋菊之英。
赠君以黟川点漆之墨[4]，送君以阳关堕泪之声。
酒浇胸次之磊块，菊制短世之颓龄。
墨以传万古文章之印，歌以写一家兄弟之情。
江山千里俱头白，骨肉十年终眼青[5]。
连床夜语鸡戒晓，书囊无底谈未了。
有功翰墨乃如此，何恨远别音书少。
炒沙作糜[6]终不饱，镂冰文章[7]费工巧。
要须心地收汗马[8]，孔孟行世目杲杲。
有弟有弟力持家，妇能养姑供珍鲑[9]。
儿大诗书女丝麻，公但读书煮春茶。

【注　释】

①王郎：黄庭坚的妹夫王纯亮，字世弼。
②蒲城：即蒲坂，今山西永济市。桑落之酒：蒲城所产的名酒。
③湘累：屈原自沉于湘地之水，非罪而死称累，后世因称屈原为湘累。
④黟川：汉县名，即今安徽歙县，以产墨出名。点漆：指上等好墨。
⑤眼青：即青眼，有好感，相契合。
⑥炒沙作糜：炒沙成粥，比喻不可能的事。
⑦镂冰文章：在冰上雕镂，喻劳而无功。
⑧心地收汗马：指内心有实在的收获。
⑨珍鲑：对鱼菜美称。

译　文

请你喝蒲城产的桑落美酒，再在酒杯里浮上几片屈原曾经吃过的菊花。送给你黟川出产的亮黑如漆的名墨，又送上曲凄凉动情的阳关曲催

人泪下。美酒使你胸中郁塞的垒块尽化，秋菊使你停止衰老寿数无涯。名墨让你写下流传万古的佳作，歌曲使你感受到兄弟间情义无价。我们都已头发斑白流落天涯，十年来骨肉情谊，青眼相加。今天我们睡在一起彻夜长谈，不觉鸡已报晓；你满腹诗书，口若悬河，说个不停。学问精进到了这个地步，怎能为远别后音书难通抱恨怨恼？把沙石炒热终究不能当饭谋求一饱，在冰块上雕花只是白白地追求工巧。请你收敛心神沉潜道义，定能体会出孔孟学术的精要。你有弟弟能够勤俭持家，妻子又贤惠孝敬婆婆从不怠懈。儿子长大了能读诗书，女儿能干勤纺丝麻。你呢，只要安心地享乐，读书之余，品味新茶。

赏析

这首诗自起句至“骨肉十年终眼青”为第一段，写送别。它不转韵，穿插四句七言之外，连用六句九言长句，用排比法一口气倾泻而出；九言长句，音调铿锵，辞藻富丽，这在黄庭坚诗中是很少见的“别调”。这种基调和辞藻，颇为读者所喜爱，所以此诗传诵较广。但此段前面八句，内容比较一般。到了这一段最后两句“江山千里俱头白，骨肉十年终眼青”才见黄诗功力。它突以峭硬矗立之笔，煞住前面诗句的倾泻之势、和谐之调，有如黄河中流的“砥柱”一样有力。

第二段八句，转押仄韵，承上段结联，赞美王郎，并作临别赠言。“连床夜语”四句，说王郎来探，彼此连床夜话，常谈到鸡声报晓的时候，王郎学问渊博，像“无底”的“书囊”，谈话没完没了；欣喜王郎读书有得，功深如此，别后必然继续猛进，就不用怨恨书信不能常通了。由来会写到深谈，由深谈写到钦佩王郎的学问和对别后的设想，笔调转为顺遂畅适，又一变。“炒沙作糜”四句，承上读书、治学而来，发表议论，以作赠言，突兀遒劲，笔调又再变而与“江

山”两句相接应。

最后四句为第三段。说王郎的弟弟能替他管理家事，妻子能烹制美餐孝敬婆婆，儿子能读诗书，女儿能织丝麻，家中无内顾之忧，可以好好烹茶读书，安居自适。王郎曾经考进士不第，这时又没有做官，闲居家中，所以结尾用这四句话劝慰他。情调趋于闲适，组句仍求精练，表现了黄诗所追求的“理趣”。

念奴娇·留别辛稼轩

【宋】刘过

知音者少，算乾坤许大，著身何处。直待功成方肯退，何日可寻归路。多景楼前，垂虹亭[①]下，一枕眠秋雨。虚名相误，十年枉费辛苦。

不是奏赋明光[②]，上书北阙[③]，无惊人之语。我自匆忙天未许，赢得衣裾尘土。白璧追欢，黄金买笑，付与君为主。莼鲈江上，浩然[④]明日归去。

【注　释】

①垂虹亭：在太湖东侧的吴江垂虹桥上，桥形环若半月，长若垂虹。
②明光：汉代宫殿名，后泛指宫殿。此指朝廷。
③北阙：古代宫殿北面的门楼，是臣子等候朝见或上书奏事之处。此处亦指朝廷。
④浩然：不可阻遏、无所留恋的样子。

作者名片

刘过（1154—1206），字改之，号龙洲道人，南宋文学家。吉州太和（今江西泰和）人，长于庐陵（今江西吉安），去世于江苏昆山，今其墓尚在。四次应举不中，流落江湖间，布衣终身。曾为陆游、辛弃疾所赏，亦与陈亮、岳珂友善。词风与辛弃疾相近，抒发抗金抱负狂逸俊致，与刘克庄、刘辰翁享有“辛派三刘”之誉，又与刘仙伦合称为“庐陵二布衣”。有《龙洲集》《龙洲词》。

译 文

知音者太少，算算天地之间如此之大，哪里才是我托身之处。我早已下定决心为收复中原建功立业后才肯退隐，但不知何日才到我功成身退的那一天。在这多景楼前，垂虹亭下，卧于床榻，听秋雨淅沥，听着听着也许就睡着了。官位真是误我太深，追求了十年，一切努力都白费了。

我不是没有向朝廷献上辞赋，不是在向朝廷上书献赋时没有惊人之语。可能是我心太急了，皇上只是暂时还没有答应让我做官，所以我现在只落得衣裾上尽是尘土。至于拿出白璧和黄金追欢买笑，都让你担任主角吧，我没法参与了。我像张翰那样产生了莼鲈之思，我决定明天就归隐了。

赏析

词的上片写刘过落拓不遇的生活；词的下片承“十年枉费辛苦”而发，从正反两个方面写他落拓不遇的原因。全词慷慨激昂，风格粗犷，狂逸之中又饶有俊致，感染力极强。

游山西村

【宋】陆游

莫笑农家腊酒浑，丰年留客足鸡豚[①]。
山重水复疑无路，柳暗花明又一村。
箫鼓追随春社[②]近，衣冠简朴古风存[③]。
从今若许闲乘月[④]，拄杖无时夜叩门。

【注 释】

①足鸡豚（tún）：意思是准备了丰盛的菜肴。足：足够，丰盛。豚，小猪，诗中代指猪肉。

②春社：古代把立春后第五个戊日作为春社日，拜祭社公（土地神）和五谷神，祈求丰收。

③古风存：保留着淳朴古代风俗。

④闲乘月：有空闲时趁着月光前来。

作者名片

陆游（1125—1210），字务观，号放翁，越州山阴（今浙江绍兴）人，尚书右丞陆佃之孙，南宋文学家、史学家、爱国诗人。陆游一生笔耕不辍，诗词文具有很高成就。其诗语言平易晓畅、章法整饬谨严，兼具李白的雄奇奔放与杜甫的沉郁悲凉，尤以饱含爱国热情对后世影响深远。词与散文成就亦高。有手定《剑南诗稿》85卷，收诗9000余首。又有《渭南文集》50卷、《老学庵笔记》10卷及《南唐书》等。书法遒劲奔放，存世墨迹有《苦寒帖》等。

译 文

不要笑农家腊月里酿的酒浑浊不醇厚，丰收的年景农家待客菜肴非常丰盛。

山峦重叠水流曲折正担心无路可走，忽然柳绿花艳间又出现一个山村。

吹着箫打起鼓春社的日子已经接近，布衣素冠，淳朴的古代风俗依旧保留。

今后如果还能乘大好月色出外闲游，我随时会拄着拐杖来敲你的家门。

〔赏析〕

这是一首纪游抒情诗，抒写江南农村日常生活，诗人紧扣诗题“游”字，但又不具体描写游村的过程，而是剪取游村的见闻，来体现不尽之游兴。全诗首写诗人出游到农家，次写村外之景物，复写村中之情事，末写频来夜游。所写虽各有侧重，但以游村贯穿，并把秀丽的山村自然风光与淳朴的村民习俗和谐地统一在完整的画面上，构成了优美的意境和恬淡、隽永的格调。此诗题材比较普通，但立意新巧，手法白描，不用辞藻涂抹，而自然成趣。

幽居初夏

【宋】陆游

湖山胜处放翁家，槐柳阴中野径斜。
水满有时观下鹭，草深无处不鸣蛙①。
箨龙②已过头番笋，木笔③犹开第一花。
叹息老来交旧尽，睡来谁共午瓯④茶。

【注　释】

①无处：所有的地方。鸣蛙：指蛙鸣，比喻俗物喧闹。
②箨龙：竹笋的异名。
③木笔：木名，又名辛夷花，是初夏常见之物。其花未开时，苞有毛，尖长如笔，因以名之。
④瓯（ōu）：杯子。

译文

湖光山色之地是我的家，槐柳树荫下小径幽幽。
湖水满溢时白鹭翩翩飞舞，湖畔处处草长蛙鸣。
新茬的竹笋早已成熟，木笔花却刚刚开始绽放。
当年相识不见，午时梦回茶前，谁人共话当年？

赏析

这诗是陆游晚年后居山阴时所作。八句诗前六写景，后二结情；全诗紧紧围绕“幽居初夏”四字展开，四字中又着重写一个“幽”字。景是幽景，情亦幽情，但幽情中自有暗恨。

双头莲·呈范至能待制[1]

【宋】陆游

华鬓星星，惊壮志成虚，此身如寄[2]。萧条病骥。向暗里、消尽当年豪气。梦断故国山川，隔重重烟水。身万里，旧社凋零[3]，青门俊游谁记[4]？

尽道锦里[5]繁华，叹官闲昼永，柴荆添睡。清愁自醉。念此际、付与何人心事。纵有楚柁吴樯，知何时东逝[6]？空怅望，鲙美菰香，秋风又起。

【注释】

①呈范至能待制：呈上给待制范成大。至能，范成大的字。待制，官名，唐置。太宗即位，命京官五品以上，更宿中书、门下两省，以备访问。

②身如寄：指生活漂泊不定。
③旧社：旧日的集社。凋零：这里意为“星散”。
④青门：长安的东门，此指南宋都城。俊游：指昔日与朋友们美好的交游。
⑤锦里：本指成都城南锦江一带，后人用作成都的别称，亦称锦城。
⑥柁（duò）、樯（qiáng）：代指船只。楚柁吴樯：指回东南故乡的下行船只。东逝：向东航行。

译文

双鬓白发，星星斑斑。报国壮志落空，止不住伤心惊叹，一生里漂泊不定，流离不安。我像一匹寂寞有病的千里马倚着槽栏，独向暗处，默默地把当年冲天的豪气消磨完。如今梦中也难见祖国的锦绣河山，它让重重的烟霭、层层的云水隔断！身离着关山万里远，旧日的集社早已星散，谁还记得当年在都城同良师益友们活跃的笑谈？

人人都说成都繁华如锦璀璨，我却感叹官闲无事白天像永过不完，无聊得躺着昏昏欲睡，把柴门紧关，浇愁酒醉，把美酒一杯一杯痛饮喝干！想起这些啊，我内心的苦闷向谁诉说得完？纵然有驰向故乡的南去船帆，可乘船归去的日期谁能预先估算？我只能白白地、惆怅地遥看，那鲈鱼鲜嫩、菰莱喷香的美味佳肴，在一阵一阵的秋风里隐隐出现！

赏析

该词坦率地抒发了自己“壮志成虚”的怨怅、悲愤，客居他乡的寂寞、苦闷，又对范成大的不敢作为，挑起北定中原的重任，进行了委婉的批评。该词虽然着重抒写消沉抑郁的情怀，可是低吟感慨，怨而不怒，哀而不伤，也有厌弃世俗、洁身自好的超爽意境。

鹧鸪天·懒向青门学种瓜①

【宋】陆游

懒向青门学种瓜，只将渔钓送年华。双双新燕飞春岸，片片轻鸥落晚沙。

歌缥缈，舻呕哑②，酒如清露鲊如花③。逢人问道归何处，笑指船儿此是家。

【注 释】

①种瓜：秦亡后东陵侯邵平在青门种瓜。后因以种瓜代指隐居。
②舻（lú）：桨。呕哑（ōu yā）：形容声音嘈杂。
③鲊（zhǎ）：鱼经腌制加工后所做的食品。

译 文

不愿意靠近京城，像汉代初年的邵平那样在长安的青门外种瓜，只希望在打鱼垂钓中送走时光岁月。双双对对新来的燕子在长满春草的河岸上飞来飞去；远处的鸥鸟在夕阳的映照下轻盈如片片树叶在沙滩上飘落。

歌声是缥缈动人的，迎合着呕哑的船橹声；酒是清纯的，洁白如露，配合上如花似锦的各种各样的鱼类食品，生活真是美不胜收啊！如果有人问道你将归向何方？我将笑着指着船儿向他说，这就是我的家啊！

赏析

这首词写的是词人闲居生活的怡然自得，其中暗含着词人被罢官之后的百无聊赖。上片起首的“懒向青门学种瓜，只将渔钓送年华”，词人本是一心报国之人，在此处却说自己想要

归乡隐居，实际上是对自己仕途不顺、郁郁不得志的排遣之词。由于词人此时已经迁居到山阴县南的镜湖之北、三山之下，在怡人的自然环境的感染之下，词人不免发出了“渔钓送年华”的呐喊，实际上是借此排遣自己心中的种种痛楚。接下来的“双双新燕飞春岸，片片轻鸥落晚沙”两句紧承上文，描绘出一幅淡雅怡人的镜湖之画，透露着词人心境的愉悦。下片起首的“歌缥缈，舻呕哑，酒如清露鲊如花”三句，是词人对“渔钓”生活的具体描写，一派其乐融融的气象。结拍的“逢人问道归何处，笑指船儿此是家”两句，将自己心中热爱自然的情趣推向了高潮，想要以船为家，一股旷世的情怀跃然纸上。

鹧鸪天·插脚红尘已是颠

【宋】陆游

插脚红尘已是颠①。更求平地上青天。新来有个生涯②别，买断烟波不用钱。

沽酒市，采菱船。醉听风雨拥蓑眠。三山老子③真堪笑，见事④迟来四十年。

【注　释】

①颠：通“癫”。
②生涯：生活。
③三山老子：作者陆游自称。三山：山名，在山阴西南九里，镜湖之滨。
④见事：明白事理。

译文

一个人生长在人世间已是够癫痴了，再去孜孜追求功名富贵、企图飞黄腾达，那就更加癫痴。最近生活道路发生了重大变化，在山阴家乡，自己有一条船，可以在湖面自由往来，不用花钱。

市中买酒，江上采菱，画船听雨，醉后披蓑衣而睡。自己真是可笑，长期糊里糊涂地生活，觉悟时已经迟了四十多年。

赏析

上片写了词人自责的感慨和近来生活的变化，下片写了词人被免官隐居三山时的闲适生活以及觉悟。虽然此词开头的自责给人一些沉重之感，但写到最后的自嘲，作者的笔调和心情就轻松得多了。这首词描述了陆游被免官隐居三山时的闲适生活，也流露出了词人内心的不满。整首词艺术反衬，正话反说，寄寓了真情深慨。

木兰花·立春日作

【宋】陆游

三年流落巴山[①]道，破尽青衫[②]尘满帽。身如西瀼[③]渡头云，愁抵瞿塘[④]关上草。

春盘春酒[⑤]年年好，试戴银幡判[⑥]醉倒。今朝一岁大家添，不是人间偏我老。

【注　释】

①巴山：即大巴山，绵亘于陕西、四川一带的山脉，经常用以代指四川。
②青衫：古代低级文职官员的服色。
③西瀼（ràng）：水名，在重庆。东西瀼水，流经夔（kuí）州；瞿塘关也在夔州东南。这里用西瀼代指夔州。
④瞿塘：即长江三峡中的瞿塘峡，其北岸就是夔州。夔州东南江边有关隘，称“江关”，亦名“瞿塘关”。
⑤春盘春酒：立春日的应节饮馔。传统风俗，立春日当食春饼、生菜，称为“春盘”。
⑥判：此处与“拚（pàn）”同义，犹今口语之“豁出去”。

译　文

流落巴山蜀水屈指也已三年了，到如今还是青衫布衣沦落天涯，尘满旅途行戍未定。身似瀼水渡口上的浮云，愁如瞿塘峡关中的春草除去还生。

春盘春酒年年都是醇香醉人，一到立春日，戴幡胜于头上，痛饮一番，喝到在斜阳下醉倒。人间众生到今日都长一岁，绝非仅仅我一人走向衰老。

赏析

此词上片正面写心底抑郁潦倒之情，抒发报国无门之愤；下片换意，紧扣“立春”二字，以醉狂之态写沉痛之怀。全词抑郁之情贯穿始终，而上下两片乍看却像是两幅图画，两种情怀，上片表现一个忧国伤时、穷愁潦倒的悲剧人物形象，下片却是一个头戴银幡、醉态可掬的喜剧人物形象。两片表现手法截然相异，构思布局错综复杂，显示了作者高超的艺术水平。

三月十七日夜醉中作

【宋】陆游

前年脍鲸[①]东海上，白浪如山寄豪壮。
去年射虎南山[②]秋，夜归急雪满貂裘。
今年摧颓最堪笑，华发苍颜羞自照。
谁知得酒尚能狂，脱帽向人时大叫。
逆胡[③]未灭心未平，孤剑床头铿有声。
破驿梦回灯欲死[④]，打窗风雨正三更。

【注 释】

①脍（kuài）鲸，把鲸鱼肉切碎。
②南山，终南山。
③逆胡：旧称侵扰中原地区的北方少数民族。
④灯欲死：灯光微弱，即将熄灭。

译 文

前些年在东海遨游，切细鲸鱼肉做羹汤，眼前是如山白浪，激起我豪情万丈。去年在终南山下射虎，半夜里回营，漫天大雪积满了我的貂裘。今年颓废真令人发笑，花白的头发，苍老的容颜，使人羞于取镜一照。谁能料到喝醉了酒还能做出狂态，脱帽露顶，向着人大喊大叫。金虏还没消灭我的怒气不会平静，那把挂在床头上的宝剑也发出铿然的响声。破败的驿站里一觉醒来灯火黯淡欲灭，风雨吹打着窗户，天气约莫是半夜三更。

赏析

诗开头四句回忆过去，激情豪壮；中间四句写当前，由豪壮转折过渡到沉重；最后四句再写当前，表现刻骨的沉痛。充分反映了陆游胸中所存的一股不可磨灭的杀敌锐气，以及英雄失路、托足无门的伤悲。因此诗写得跌宕奇崛，似狂似悲。忽而豪气奋发，如江水流入三峡，气势雄伟；忽而忧愁苦闷，如寡妇夜哭，哀哀欲绝。诗在用韵上也与内容密切配合，十二句诗换了四个韵，节奏感很强。

沁园春·孤鹤归飞

【宋】陆游

孤鹤①归飞，再过辽天，换尽旧人。念累累枯冢，茫茫梦境，王侯蝼蚁，毕竟成尘。载酒园林，寻花巷陌，当日何曾轻负春。流年改，叹围腰带剩②，点鬓霜新。

交亲③零落如云，又岂料如今余此身。幸眼明身健，茶甘饭软，非惟我老，更有人贫。躲尽危机，消残壮志，短艇湖④中闲采莼。吾何恨，有渔翁共醉，溪友为邻。

【注　释】

①孤鹤：陆游自喻。
②围腰带剩：指身体变瘦，喻人老病。
③交亲：知交和亲友。
④湖：此处指镜湖。

译文

辽东化鹤归来，老人谢世，新人成长，已是物是人非。这一处处的荒凉的坟墓中躺着的人啊，曾经在生前有过多少美梦，无论王公贵戚还是寻常百姓，现在都化为尘土。曾经携带着美酒，来到春色满园的林园中，对酒赏景；也算没有辜负了大好的春光和自己的青春年华。时间飞逝，现在我已是身体瘦弱、双鬓花白了。

亲友都已四散飘零，哪里能料到如今只剩我一人返回家乡。幸好现在眼睛还算看得见，身体还算健康，品茶也能够知道茶的甘甜，吃饭也还能够嚼烂。不要以为自己老迈了，还有许多的穷人生活不易。危机虽然侥幸躲过，然而壮志已经消残。回到家乡的日子里，乘着小舟，在湖中悠闲地采莼。我还有什么好遗憾的呢？现在我与渔翁饮酒同醉，与小溪旁的农民结为邻居。

赏析

词的上片通过景物描写表达作者对故友的怀念和惋惜，也有着对世事不公的愤懑和对人生短暂的叹息；下片写了许多自慰语和旷达语，以掩饰心中的惆怅。全词起伏顿挫，转折回环，又配以多个对句，显得摇曳多姿，语言含蓄，寓意深远，因其蕴含深刻哲理而经久不衰。

乙卯[1]重五诗

【宋】陆游

重五山村好，榴花忽已繁。
粽包分两髻，艾束著危冠[2]。
旧俗方储药，羸躯亦点丹。
日斜吾事毕，一笑向杯盘。

【注　释】

①乙卯：指1195年，宋宁宗庆元元年，作者71岁，在家乡绍兴隐居。

②危冠：高冠。这是屈原流放江南时所戴的一种帽子。

译 文

端午节到了，火红的石榴花开满山村。吃两只角的粽子，在高冠上插艾蒿。人们忙着储药、配药方，为的是这一年能平安无病。忙完了这些，已是太阳西斜时分，家人早把酒菜备好，我便高兴地喝起酒来。

赏析

这首五律具体描写了南宋在端午节这天的生活习惯。作者吃了两角的粽子，高冠上插着艾枝。依旧俗，又忙着储药、配药方，为的是这一年能平安无病。到了晚上，他身心愉快地喝起酒来。从中可以反映出，江南端午风俗，既有纪念屈原的意思，又有卫生保健的内容。

秋夜读书每以二鼓尽为节

【宋】陆游

腐儒[①]碌碌叹无奇，独喜遗编[②]不我欺。
白发无情侵老境，青灯有味似儿时。
高梧策策[③]传寒意，叠鼓冬冬迫睡期[④]。
秋夜渐长饥作祟，一杯山药进琼糜[⑤]。

【注 释】

①腐儒：作者自称。
②遗编：遗留后世的著作，泛指古代典籍。
③策策：拟声词，指风摇动树叶发出的响声。
④迫睡期：催人睡觉。
⑤琼糜：像琼浆一样甘美的粥。糜，粥。

译 文

我这个迂腐的儒生，可叹一生碌碌无奇，却只爱前人留下来的著作，从不将我欺骗。白发无情地爬上头顶，渐渐地进入老年，读书的青灯却依旧像儿时那样亲切有味。高大的梧桐策策作响，传来一阵阵寒意，读书兴致正浓，忽听更鼓咚咚响催人入睡。秋夜漫漫，饥肠辘辘，再也难以读下去，喝杯山药煮成的薯粥，胜过那佳肴美味。

赏析

陆游自少至老，好学不衰，集中写夜读的诗篇，到80岁以后还坚持。这首诗是为描写他乡夜晚苦读诗书的情形，表现乱世中人难能可贵的好学精神而作。首联写夜读的缘起，起笔虽平，却表现了作者济世的理想抱负。颔联写老来读书兴味盎然，令人倍感亲切，是全诗最精彩的两句。颈联说明诗人秋夜常读书至“二鼓”时分，还恋恋不忍释卷。尾联以睡前进食作结，表现作者的清苦生活和好学不倦的情怀。这首诗笔调清淡，意境深远。

好事近·湓口[1]放船归

【宋】陆游

湓口放船归，薄暮散花洲[2]宿。两岸白苹红蓼，映一蓑新绿。

有沽酒处便为家，菱芡四时足。明日又乘风去，任江南江北。

【注　释】

①湓（pén）口：古城名，故址在今江西九江。
②散花洲：古战场。散花洲古时还有散花滩之名。

译　文

从湓口坐船而来，到了黄昏时，就停留在散花洲准备夜宿。两岸色彩醒目的白苹和红蓼，把小船都映衬得似乎染上了一层新绿。

只要有酒的地方那就是家，反正一年四季吃的东西不用愁。等夜宿一晚，第二天又乘风顺流，随意飘荡，不管是在江南还是江北。

赏析

此诗是诗人54岁时创作于东归江行途中的一首词。上片首二句，点明了作者自己从湓口坐船而来，次两句，就描绘了陆游欣赏到的薄暮中散花洲两岸的美丽风景。到了下片，作者的心情转变了，变得低回沉郁起来。整首词表达了作者的闲情逸致，却又隐约地透露了无可奈何之情绪。

二月二十四日作

【宋】陆游

棠梨花开社酒浓，南村北村鼓冬冬。
且祈麦熟得饱饭，敢说谷贱复伤农。
崖州万里窜酷吏[①]，湖南几时起卧龙[②]？
但愿诸贤集廊庙[③]，书生[④]穷死胜侯封。

①崖州：宋代辖境相当于今广东崖县等地，治所在宁远（今崖县崖城镇）。窜：放逐。酷吏：指秦桧死党酷吏曹泳。

②湖南：宋代荆湖南路的简称，今属湖南。卧龙：本指三国时蜀相诸葛亮，这里借指宋抗金名将张浚。

③廊庙：庙堂，指朝廷。

④书生：陆游自指。

棠梨花儿开了，社酒已酿得浓浓，四面的村子里，到处是鼓声咚咚。只求麦子熟了，能吃上几顿饱饭，又怎敢议论，说谷价贱了会伤我田农！如今酷吏曹泳被放逐到万里外的崖州去了，可湖南张浚什么时候才能被再度起用？只愿有众多的忠臣贤士云集在朝廷，我这书生便是穷困而死，也胜过侯王升封！

赏析

这首诗于宋高宗绍兴二十六年（1156）春写于山阴家中，陆游时年 32 岁。陆游早年曾被秦桧所黜落，困居山阴。这首诗写在秦桧死后四个多月。此年春社日作者有感而作此诗，表现了诗人忧国忧民的情怀。

开头两句生动地描写春社日农村的热闹景象。三、四句突然转折，写农民只不过暂且祈求麦熟能吃饱饭，不能再说谷贱伤农。这样写，含义深刻，表达了诗人对农民的深厚同情。接着，由此联想到该放逐那些残害百姓的贪官污吏，同时希望朝廷尽快起用抗金志士张浚，使天下贤才能云集朝廷，让有才能的贤人来治理国家。结尾两句进一步表明诗人的强烈愿望：只要天下贤人都能云集朝廷，国家中兴有日，即使自己穷死山村亦胜于封侯。充分表现了诗人不计一己之穷的崇高的精神境界。

追忆征西幕中旧事四首·其三

【宋】陆游

忆昨王师戍[1]陇回，遗民日夜望行台。
不论夹道壶浆满，洛笋河鲂次第[2]来。

【注 释】

①戍：（军队）防守。
②次第：挨个，依次。

回想以前大军防守陇山从前线返回，中原父老日日夜夜心向着我将帅的驻地所在。他们不但捧着茶水和酒浆夹道迎接士兵，还把洛水的鲜笋，黄河的活鱼一次次送上门来。

赏析

该诗追忆在南郑从军戍守陇地时，沦陷区百姓热情欢迎慰劳南宋军队，并日夜盼望宋军收复失地的情形，其热烈的场面和南宋统治者一味求和，苟且偷安，对沦陷区百姓的生死置之不顾的行径构成鲜明的对比。诗中虽未言明对南宋执政者的批判，但是其难以遏制的愤慨之情见于言外，引人回味深思。

范饶州坐中客语食河豚鱼

【宋】梅尧臣

春洲生荻芽[1]，春岸飞杨花。
河豚当是时，贵不数[2]鱼虾。

其状已可怪，其毒亦莫加[③]。
忿腹若封豕，怒目犹吴蛙。
庖煎苟失所，入喉为镆铘。
若此丧躯体，何须资齿牙[④]？
持问南方人，党护复矜夸[⑤]。
皆言美无度，谁谓死如麻！
我语不能屈，自思空咄嗟。
退之来潮阳，始惮飧笼蛇。
子厚居柳州，而甘食虾蟆。
二物虽可憎，性命无舛差[⑥]。
斯味曾[⑦]不比，中藏祸无涯。
甚美恶亦称，此言诚可嘉。

【注　释】

①荻（dí）芽：荻草的嫩芽，又名荻笋，南方人用荻芽与河豚同煮做羹。
②不数：即位居其上。
③莫加：不如，比不上。
④资齿牙：犒赏牙齿，这里指吃。
⑤党护：袒护。矜夸：自夸，这里指对河豚夸赞不绝。
⑥舛（chuǎn）差：差错，危害。
⑦曾：岂，难道。

作者名片

梅尧臣（1002—1060），字圣俞，世称宛陵先生，宣州宣城（今安徽省宣城市宣州区）人。北宋官员、现实主义诗人，给事中梅询从子。梅尧臣少即能诗，与苏舜钦齐名，时号“苏梅”，又与欧阳修并称“欧梅”。为诗主张写实，反对西昆体，所作力求平淡、含蓄，被誉为宋诗的“开山祖师”。曾参与编撰《新唐书》，并为《孙子兵法》作注。另有《宛陵集》及《毛诗小传》等。

译文

春天，水边的小洲生出了嫩嫩的荻芽，岸上的杨柳吐絮，满天飞花。河豚在这时候上市，价格昂贵，超过了所有的鱼虾。河豚的样子已足以让人觉得奇怪，毒性也没什么食物能比上它。鼓动的大腹好像一头大猪；突出双眼，又如同吴地鼓腹的青蛙。烧煮如果不慎重不得法，吃下去马上丧命，就像遭到利剑的宰杀。像这样给人生命带来伤害的食物，人们又为什么要去吃它？我把这问题请教南方人，他们却对河豚赞不绝口，夸了又夸。都说这鱼实在是味道鲜美，闭口不谈毒死的人多如麻。我没办法驳倒他们，反复思想，空自嗟讶。韩愈来到潮阳，开始时也怕吃蛇。柳宗元到了柳州，没多久就坦然地吃起了蛤蟆。蛇和蛤蟆形状虽然古怪，令人厌恶，但对人的性命没什么妨害，不用担惊受怕。河豚的味道虽然超过它们，但隐藏的祸患无边无涯。太美的东西一定也很恶，古人这句话可讲得一点儿也不差。

赏析

这首诗通过叙述河豚虽美味但是是有毒的，以及不值得为尝其美味而送命，讽刺人世间为了名利而不顾生命与气节的人。诗虽然是率然成章，不像梅尧臣大多数作品经过苦吟雕琢，但诗风仍以闲远洗练为特色，尤多波折。

醉中留别永叔子履[1]

【宋】梅尧臣

新霜未落汴水浅，轻舸惟恐东下迟。

绕城假得老病马，一步一跛饮人疲。

到君官舍欲取别[2]，君惜我去频增嘻。
便步髯奴呼子履[3]，又令开席罗酒卮。
逡巡陈子果亦至，共坐小室聊伸眉。
烹鸡庖兔下箸美，盘实饤饾[4]栗与梨。
萧萧细雨作寒色，厌厌尽醉安可辞。
门前有客莫许报，我方剧饮冠帻攲[5]。
文章或论到渊奥，轻重曾不遗毫厘。
间以辨谑每绝倒，岂顾明日无晨炊。
六街禁夜犹未去[6]，童仆窃讶吾侪痴。
谈兵究弊又何益，万口不谓儒者知。
酒酣耳热试发泄，二子尚乃惊我为。
露才扬己古来恶，卷舌噤口南方驰[7]。
江湖秋老鳜鲈熟，归奉甘旨诚其宜。
但愿音尘寄鸟翼[8]，慎勿却效儿女悲。

【注　释】

①永叔：欧阳修，字永叔，作者挚友。子履：陆经，字子履，越州（今浙江绍兴）人，其母再嫁陈见素，冒姓陈。
②官舍：此时欧阳修为馆阁校勘。取别：告别。
③便步：按日常习惯行走的步调，区别于正步。髯（rán）奴：指老仆。髯，古称多须者为髯。
④饤饾（dìng dòu）：堆积。
⑤剧饮：痛饮。帻（zé）：包头巾。攲（qī）：倾斜。
⑥六街：唐代长安城中有左右六条大街，北宋汴京也有六街。禁夜：禁止夜行。
⑦卷舌噤（jìn）口：闭口不言，表示不再对朝政发表议论意见。噤，闭。南方驰：指被派作监湖州盐税事。
⑧寄鸟翼（yì）：古有鸿雁传书之说，故云。

译文

秋霜还没降下，汴河水很浅，只怕东下的轻舟不能走得迅疾。绕满都城借来匹又老又病的马，一步一瘸令我体倦神疲。到你的官舍想和你告别，你惋惜我将要离去频频地叹息。老仆迈着随意的步子去请子履，你又让人罗列杯盘安排酒席。不一会儿陆先生果然也来到此地，聚坐在小屋谈话聊以排遣愁意。烹制的鸡兔味道鲜美，果盘中满满地堆放着栗和梨。细雨萧萧天色生寒，尽情醉饱哪有推辞的道理。门前如有客至不许通报，我正痛饮，帽子头巾歪得已不整齐。有时谈论文章到深入玄妙处，轻和重不曾遗漏一毫半厘。其间论辩夹杂戏谑常叫人笑倒，哪儿还顾得没有明天早餐的粮米。直到京城六街宵禁，还没有散去，书童仆人悄悄惊讶着我们的痴迷。谈论军事研究时弊又有什么补益？众人都不认为读书人懂得这些大道理。酒酣耳热试着发泄胸中郁愤，连两位朋友都因我的行为而诧异。显露才能表现自己从古就为人所恶，我只有卷舌闭口奔到南方去。江湖上秋色深鳜鱼鲈鱼正肥，归去大吃美味倒很合时宜。但愿你们常常寄来音信，千万不要学小儿女离别时悲悲凄凄。

赏析

诗中细致地描述了自己去往欧阳修官舍辞行，对方殷勤置酒席款待，朋友们从夜到明尽情畅饮、论辩戏谑的情景。对自己“论兵究弊又何益，万口不谓儒者知”的政治遭遇，借酒酣耳热之际发泄一通，此为本诗主旨。诗中又对派往江南一事极表不满，借班固评屈原语及张翰辞官南归事，聊以自我解嘲，明示旷达，实则暗寓悲慨。篇末以豪迈之情作离别之语。全诗将政治上的失意和离别京都、离别挚友的感伤，以及大丈夫洒落的襟怀，种种复杂的心境，表现得淋漓尽致。

寄滁州欧阳永叔

【宋】梅尧臣

昔读韦公集[①]，固多滁州词。
烂熳写风土，下上穷幽奇[②]。
君今得此郡，名与前人驰。
君才比江海，浩浩观无涯。
下笔犹高帆，十幅美满吹。
一举一千里，只在顷刻时。
寻常行舟舻，傍岸撑牵疲。
有才苟如此，但恨不勇为[③]。
仲尼著春秋，贬骨常苦笞。
后世各有史，善恶亦不遗。
君能切体类[④]，镜照嫫与施[⑤]。
直辞鬼胆惧，微文奸魄悲。
不书儿女书，不作风月诗。
唯存先王法，好丑无使疑。
安求一时誉，当期千载知。
此外有甘脆[⑥]，可以奉亲慈。
山蔬采笋蕨，野膳猎麏麋[⑦]。
鲈脍古来美，枭炙今且推[⑧]。
夏果亦琐细，一一旧颇窥。
圆尖剥水实，青红[⑨]摘林枝。
又足供宴乐，聊与子所宜。

慎勿思北来，我言非狂痴。
洗虑当以净⑩，洗垢当以脂。
此语同饮食，远寄入君脾。

【注　释】

①韦公：指中唐诗人韦应物。
②穷幽奇：谓写尽幽深奇妙的自然景物。
③恨：遗憾。不勇为：谓欧公写作尚不够多。
④切（qiè）体类：深入事物的体式、类别。
⑤嫫（mó）：嫫母，古代传说中的丑女，黄帝时人。施：西施，春秋时越国美女。后常用作绝色美女的代称。
⑥甘脆：美味的食物。
⑦野膳（shàn）：犹言“野味”。膳，所食之物。麏（jūn）：兽名，指獐子。麋（mí）：兽名，麋鹿，鹿类。
⑧枭炙（xiāo zhì）：泛指野禽肉。枭，猛禽，昼潜夜出，俗称猫头鹰。通“鸮”。炙，烧烤的肉。推：推赏。
⑨青红：指桃、杏、梨等水果。
⑩净：指佛教所用净水，能洗去尘俗之虑。

译　文

从前阅读韦应物先生的集子，有许多在滁州写的诗句。他以焕发的文采描绘当地风土，上下求索，写尽幽深奇妙的自然景物。你如今来主管这个州郡，诗名正好跟韦先生并驾齐驱。你的才情像江海一样浩渺，广阔得望不到边际。落笔宛如高高扬起的船帆，十幅帆又被顺风吹得满满涨起。一开船就走一千里，只不过是顷刻须臾。哪儿像普通人行舟，傍着河岸撑篙、牵缆费尽力气。你的才情是那样高华绝世，只遗憾写作还不十分努力。仲尼写成《春秋》一书，一字寓褒贬，宛若鞭打痛到骨髓里。后世每个朝代都有史书，善和恶毫无遗漏。一一载入典籍你能洞察事物，分辨体式类别，就像明镜照出丑妇和美女。刚直的言辞让鬼魅吓破了胆，深寓褒贬的诗句使奸人悲伤战栗。不去描写儿女的相思恋情，不去创作风花雪月的诗句。只需保存上古的礼法、准则，好坏是非不容混同一体。

哪儿会求取一时的声誉，应该期望千载以下的知己。当地还有美味的食物，可以奉养老母和亲戚。山中采摘来竹笋、蕨菜，想吃野味就把麋鹿猎取。切细的鲈鱼自古就认为非常鲜美，如今且把烧熟的山禽肉当成美味。夏天的果实又是那样繁多，每一种以前就很诱人食欲。水中的菱藕之类有尖有圆，枝头果子有青有红在那树林里。这些东西足以提供宴饮的欢乐，使你能够安心居住在此地。切莫一心想北归返回京都，我这番话并不是狂言痴语。洗去尘俗的烦恼要用佛家的净水，膏脂才能够洗尽污秽油腻。我说的话就如饮食一样重要，远远地寄上望你深深记在胸臆。

赏析

这首诗先把欧公与唐代诗人韦应物相提并论。且盛赞欧公："下笔犹高帆，十幅美满吹。一举一千里，只在顷刻时。"然后就此生发，勉励欧公尽其才力写作诗文，以达到惩时救世的目的，从而光照千古。诗人还着重劝勉欧公安于滁州生活"慎勿思北来"，言外之意也就是望其坚持刚正的政治立场，而不要有丝毫妥协，用意十分深切。

初出真州泛大江作[①]

【宋】欧阳修

孤舟日日去无穷，行色苍茫杳霭[②]中。
山浦转帆迷向背，夜江看斗辨西东。
滮田[③]渐下云间雁，霜日初丹水上枫。
莼菜鲈鱼方有味，远来犹喜及秋风。

【注　释】

①真州：宋代州名，即今江苏仪征。大江：长江。
②杳霭（yǎo ǎi）：远处的云气。
③滮（biāo）田：充满水的田地。滮，水流的样子。

作者名片

欧阳修（1007—1072），字永叔，号醉翁，晚号“六一居士”。汉族，吉州永丰（今江西永丰）人，因吉州原属庐陵郡，以“庐陵欧阳修”自居，北宋政治家、文学家、史学家。谥号“文忠”，故世称欧阳文忠公。欧阳修与韩愈、柳宗元、王安石、苏洵、苏轼、苏辙、曾巩合称“唐宋八大家”。后人又将其与韩愈、柳宗元和苏轼合称“千古文章四大家”。他曾主修《新唐书》，并独撰《新五代史》，有《欧阳文忠集》传世。

译文

一叶孤舟每天在大江中不停地驶着，苍茫的云气将其笼罩。我行到靠水的山脚，将船帆调转，在夜空中看北斗星来判断东西。云间的大雁渐渐飞下水田，枫叶将霜中的太阳映得火红。家乡的莼菜和鲈鱼味道正鲜美，远方归来的我更喜欢秋天的凉风。

赏析

这首诗作于诗人初次前往真州的船上。诗人着意描写长江江面上的秋天景色，目的是排遣自己贬谪路途中的失落感与孤独感。

在首联和颔联中，作者写了“落日”“雾霭”“山峰”“北斗星”等景象，体现了路途的幽远与孤寂。作者融情入景，看到如此空旷的场景，内心产生了幽寂、苍茫的情感，用写旅途的迷茫来反映出自己内心的迷茫和孤独，同时流露出自己对贬官的不满之情。在颈联与尾联中，作者笔锋一变，雄壮激扬起来。他通过写水田上飞的大雁、落日中的红枫这些景物，写出自己已经摆脱了贬谪的孤独与忧伤，寻找到了精神的慰藉。这些美丽的场景都是在暗示着作者的心情已经逐渐开朗。尾联化用“秋风莼鲈”的典故，更是表明诗人已经找到了精神的慰藉。

戏答元珍[①]

【宋】欧阳修

春风疑不到天涯[②]，二月山城[③]未见花。
残雪压枝犹有橘，冻雷[④]惊笋欲抽芽。
夜闻归雁生乡思，病入新年感物华。
曾是洛阳花下客，野芳虽晚不须嗟。

【注 释】

①元珍：丁宝臣，字元珍，常州晋陵（今江苏常州）人，时为峡州军事判官。
②天涯：极边远的地方。诗人贬官夷陵（今湖北宜昌），距京城已远，故云。
③山城：亦指夷陵。
④冻雷：寒日之雷。

译 文

我真怀疑春风吹不到这边远的山城，已是二月，居然还见不到一朵花。有的是未融尽的积雪压弯了树枝，枝上还挂着去年的橘子；寒冷的天气，春雷震动，似乎在催促着竹笋赶快抽芽。夜间难以入睡，阵阵北归的雁鸣惹起我无穷的乡思；病久了又逢新春，眼前所有景色，都触动我思绪如麻。我曾在洛阳见够了千姿百态的牡丹花，这里的野花开得虽晚，又有什么可以感伤，可以嗟叹？

赏析

这首《戏答元珍》是欧阳修的律诗名作，此诗作于宋仁宗景祐三年（1036 年）。此年欧阳修因事左迁峡州夷陵（今湖北宜昌）县令，与峡州军事判官丁宝臣（字元珍）交好。丁曾有诗赠欧阳修，欧阳修乃于此年作诗以答。此诗首联写山城荒僻冷落；颔联承前细写山城荒凉之景，写出残雪累累、寒雷殷殷中蕴孕的生机一片。后两联抒情。颈联写作者多病之身在时光变迁、万物更迭中产生的客子之悲；尾联写自己早年作客洛阳，稔熟洛阳牡丹，今日山城野花虽晚，但自己全不在意。欧阳修在这样一首普通的诗中表达了决不屈服的昂扬之志，道出了作者哲理性的人生思考。正是在这一点上，欧阳修的这首诗体现了宋诗注重理趣的革新特征。

渔家傲·五月榴花妖艳烘

【宋】欧阳修

五月榴花妖艳[①]烘。绿杨带雨垂垂重。五色新丝缠角粽。金盘送。生绡[②]画扇盘双凤。

正是浴兰时节动。菖蒲酒美清尊共。叶里黄鹂时一弄。犹瞢忪。等闲惊破[③]纱窗梦。

【注　释】

①妖艳：红艳似火。
②生绡：未漂煮过的丝织品。古时多用以作画，因亦以指画卷。
③惊破：打破。

译　文

五月是石榴花开的季节，杨柳被细雨润湿，枝叶低低沉沉地垂着。人们用五彩的丝线包扎多角形的粽子，煮熟了盛进镀金的盘子里，送给闺中女子。

这一天正是端午，人们沐浴更衣，想祛除身上的污垢和秽气，举杯饮下雄黄酒以驱邪避害。夜里窗外树丛中黄鹂鸟儿不时地鸣唱，打破了闺中的宁静，打破了那纱窗后手持双凤绢扇的睡眼惺忪的女子的美梦。

赏析

该词的上片描写端午节的风俗，用“榴花”“杨柳”“角粽”等端午节的标志性景象营造了端午节喜悦的情绪，下片描写端午节人们沐浴更衣、饮雄黄酒驱邪的场景。全词反映出词人过节时的恬淡闲适的生活情态，给人以身临其境之感。《渔家傲》中的闺中女子，也给读者留下了想象的空间：享用粽子后，未出阁的姑娘，在家休息，梦醒后想出外踏青而去，抒发了闺中女子的情思。

沁园春·带湖[1]新居将成

【宋】辛弃疾

三径[2]初成，鹤怨猿惊[3]，稼轩未来。甚云山自许，平生意气[4]；衣冠人[5]笑，抵死尘埃。意倦须还[6]，身闲贵早，岂为莼羹鲈脍[7]哉。秋江上，看惊弦雁避，骇浪船回。

东冈更葺茅斋[8]。好都把轩[9]窗临水开。要小舟行钓，先应种柳；疏篱护竹，莫碍观梅。秋菊堪餐，春兰[10]可佩，留待先生手自栽。沉吟久，怕君恩未许，此意徘徊。

【注　释】

①带湖：信州府城北灵山脚下，今江西上饶。
②三径：指归隐者的居所。
③鹤怨猿惊：表达出自己急切归隐的心情。
④甚：正是。云山，农村。意气：神态，这里作志气讲。
⑤衣冠人：上层或高贵的人物。
⑥意倦须还：这里指退隐回家。
⑦莼羹鲈脍：美味。
⑧东冈：东边的小岑。葺（qì），用茅草修复房子叫葺。
⑨好都把：作必须统统地解。轩：小房子。
⑩春兰：表明作者自己如屈原一般志行高洁，不愿同流合污。

译　文

归隐的园圃刚刚开成，白鹤猿猴都在惊怪，主人没有归来，归隐山林本是我平生的志趣，为什么甘为士人所笑，总是混迹尘埃？厌倦了官场就该急流勇退，求清闲愈早愈好，岂止是为享受莼羹鲈脍？你看那秋江上，听到弓弦响，惊雁急忙躲闪，行船回头，是因为骇浪扑来。

东冈上盖起那茅屋书斋，最好是把门窗临湖开。要划船垂钓，先种下柳树一排排；插上稀疏的篱笆保护翠竹，但不要妨碍赏梅。秋菊可餐

服，春兰能佩戴，两种花留给我归来亲手栽。我反复思考，只怕圣上不让我离开，归隐之意仍在犹豫徘徊。

赏析

这首词，自始至终可以说是一篇描写心理活动的实录。但上下两片，各有不同。前片写欲隐缘由，感情渐进，由微喜，而怅然，而气恼，而愤慨。读之，如观大河涨潮，流速由慢而疾，潮声也由小而大，词情也愈说愈明。后片写未来打算，读之，似在河中泛舟，水流徐缓而平稳，再不闻澎湃呼啸之声，所见只是波光粼粼。及设想完毕，若游程已终，突然转出“沉吟久”几句，似乎刚才打算，既非出自己心亦不可行于实际如一物突现舟水凝滞不可行，不过，尽管两片情趣迥别，风貌各异，由于通篇皆以“新居将成”一线相贯，因此并无割裂之嫌，却有浑成之致。

浣溪沙·常山[1]道中即事

【宋】辛弃疾

北陇田高踏水[2]频。西溪禾早已尝新[3]。隔墙沽酒煮纤鳞[4]。

忽有微凉何处雨，更无[5]留影霎时云。卖瓜声过竹边村。

【注 释】

①常山：县名，今浙江常山。
②踏水：用双脚踏动水车。

③禾早：早熟的稻米。尝新：指品尝新稻。
④纤鳞（lín）：小鱼。
⑤更无：绝无。

译文

北边高地上很多人辛勤地踏水灌地，人们已经尝过了新收割的西水边上的早稻，隔着墙打来酒，炖上细鳞鱼。

忽然间下了一阵雨，使人感到凉爽，可是一会儿连一点儿云彩也没有了。卖瓜人已走过竹林旁的村庄。

赏析

词的上片先写北陇踏水灌田，西溪收稻尝新，继写沽酒煮鱼。足见农事辛勤，生活安乐。下片写忽降微雨，清凉宜人，转眼云影飘散，蓝天当空，卖瓜人在绿竹丛生的村庄推销产品。通篇清新淳朴，生活气息浓厚，宛如一幅生机盎然的浙西农村图。

汉宫春·立春日

【宋】辛弃疾

春已归来，看美人头上，袅袅春幡。无端风雨，未肯收尽余寒。年时燕子，料今宵、梦到西园[①]。浑未办、黄柑荐酒[②]，更传[③]青韭堆盘？

却笑东风从此，便薰梅染柳，更没些闲。闲时又来镜里，转变朱颜。清愁不断，问何人、会解连环[④]？生怕见、花开花落，朝来塞雁先还。

【注 释】

①西园：汉都长安西邦有上林苑，北宋都城汴京西门外有琼林苑，都称西园，专供皇帝打猎和游赏。此指后者，以表现作者的故国之思。

②黄柑荐酒：黄柑酪制的腊酒。立春日用以互献致贺。

③更传：更谈不上相互传送。

④解连环：喻忧愁难解。

译 文

从美人头上的袅袅春幡，看到春已归来。虽已春归，但仍时有风雨送寒，似冬日余寒犹在。燕子尚未北归，料今夜当梦回西园。已愁绪满怀，无心置办应节之物。

东风自立春日起，忙于装饰人间花柳，闲来又到镜里，偷换人的青春容颜。清愁绵绵如连环不断，无人可解。怕见花开花落，转眼春逝，而朝来塞雁却比我先回到北方。

赏析

全词紧扣立春日的所见所感来写，赋予节日风光以更深的含义，于哀怨中带嘲讽，内涵充盈深沉。开篇用典，妥帖自然，不露痕迹，正是“使事如不使也”。而以“袅袅”形容其摇曳，化静为动，若微风吹拂，更见春意盎然。从思想内容看，虽不能确断其为辛弃疾南归后所写的第一首词，但必为初期之作。辛弃疾对于恢复大业的深切关注，作者的激昂奋发的情怀，都已真切地表达出来。

全词结构严谨，意境幽远，内涵丰富；同时运用比兴手法，使风雨、燕子、西园、梅柳、塞雁等物在本意之外，构成富有象征意味的形象体系，使此词传情含蓄而深沉，留给人审美再创造的余地很大。

临江仙·和叶仲洽赋羊桃

【宋】辛弃疾

忆醉三山芳树下，几曾风韵[1]忘怀。黄金颜色五花开，味如卢橘[2]熟。贵似荔枝来。

闻道商山余四老，橘中自酿秋醅。试呼名品细推排[3]。重重香腑脏，偏殢圣贤杯[4]。

【注 释】

①风韵：风度，韵致。
②卢橘：金橘的别称。
③推排：评定。
④圣贤杯：酒杯。

译 文

在三山芳树下，饮美酒品羊桃，其风味之美一直让我难以忘怀。羊桃花其色金黄瓣五出；其味微酸，如成熟的卢橘，味道绝美；其身价之名贵，和荔枝不相上下。

听人说过橘中可容四老，在其果中酿造秋酒。把名贵果品都取来，仔细加以考校、品评，每种果品的“腑脏”里都香香甜甜，为何偏要为酒所缠绕？

赏析

这是一首咏物词，是吟咏羊桃的。羊桃又名五棱子，为福建特产，和龙眼、橄榄、菩提果等齐名，七八月熟，味酸美。此词便围绕羊桃这些特点展开描叙。词的上片写羊桃的产地及其特点。开头二句写产地。但作者没直说，而是采用追忆的方式。“忆醉三山芳树下，几曾风韵忘怀”，这两句词既写出了羊桃风韵之美，又巧妙地点出它是福建特产，为后边的叙写创造了良好条件。“黄金”三句写羊桃的特点与身价。可见羊桃色味俱佳，为水果之珍品，异常名贵。下片写其他果品。故“闻道”二句另辟新意，用传说的故事，写橘汁味美如酒。“试呼”三句写橘之外的名贵果品。“圣贤杯”三字和“忆醉”二字相照应，说明无须醉酒自娱，品味羊桃之类的名贵果品，也照样令人陶醉，用委婉方式再次叙写羊桃韵味之美，圆满地结住了全词。

清平乐·检校山园书所见

【宋】辛弃疾

连云松竹，万事从今足。拄杖东家分社肉①，白酒床头初熟②。

西风③梨枣山园，儿童偷④把长竿。莫遣旁人惊去⑤，老夫静处闲看。

【注 释】

①社：指祭祀土地神的活动，《史记·陈丞相世家》：“里中社，平为宰，分肉甚均。”可知逢到“社”日，就要分肉，所以有“分社肉”之说。

②白酒：此指田园家酿；床头：指酿酒的糟架。初熟：谓白酒刚刚酿成。

③西风：指秋风。

④偷：行动瞒着别人。代指孩子敛声屏气、蹑手蹑脚、东张西望扑打枣、梨的情态。

⑤莫：不要。旁人：家人。

译文

山园里一望无际的松林竹树，和天上的白云相连接。隐居在这里，与世无争，也该知足了。遇上了秋社的日子，拄上手杖到主持社日祭神的人家分回了一份祭肉，又恰逢糟架的那瓮白酒刚刚酿成，正好痛快淋漓地喝一场。

西风起了，山园里的梨、枣等果实都成熟了。一群嘴馋贪吃的小孩子，手握着长长的竹竿，偷偷地扑打着树上的梨和枣。别叫家人去惊动了小孩子们，让我在这儿静静地观察他们天真无邪的举动，也是一种乐趣呢。

赏析

这首乡情词，描写的农村是一片升平气象，没有矛盾，没有痛苦，有酒有肉，丰衣足食，太理想化了。尽管在当时的情况下，江南广大农村局部的安宁是有的，但也很难设想，绝大多数的劳动人民生活得很幸福、愉快。当然，这不是说辛弃疾有意粉饰太平，而是因为他接触下层人民的机会很少，所以大大限制了他的眼界，对生活的认识不免受到局限。

西江月·渔父词

【宋】辛弃疾

千丈悬崖削翠[①]，一川落日镕金[②]。白鸥来往本无心。选甚[③]风波一任。

别浦鱼肥堪脍[④]，前村酒美重斟。千年往事已沉沉[⑤]。闲管兴亡则甚[⑥]。

【注 释】

①削翠：陡峭的绿崖。
②一川：犹满川。镕金：熔化金属。亦特指熔化黄金。
③选甚：不论怎么。
④别浦：河流入江海之处称浦，或称别浦。脍：把鱼切成薄片。
⑤沉沉：悠远。
⑥则甚：做甚，做什么。

译 文

陡峭的绿崖有千丈余高，落日照在江面上泛着金光。白鸥翔游是它的天性，既然风波无法预料又何必管它？

鱼肥美新鲜，正是吃鱼的好时节，前村好酒值得喝干了再斟。前事已随时间深埋，兴盛或是衰败又有何关系？

赏析

这首词是写江行采石的所见所感，虽自称“戏作”，其实寄慨遥深。上片写江行所见。“千丈悬崖”，言采石江岸高峻陡峭；“削翠”，言江岸壁立如削，却草木葱茏。如果说“千丈”句写江岸，而“一川”句则写江水。“白鸥”句写江上的沙鸥；“选甚”句写江上的游人。白鸥在江上自由飞翔，毫无戒心，与人和谐相处；而人则乘舟遨游，任其所之。下片写江行所感。“别浦”二句写江行生活。“别浦”句映带开头两句，写长江沿岸水产丰富，鱼蟹肥美，可供享用。“前村”，和“别浦”对应，言前行途中有江村可以沽酒。“重斟”二字，足见其逢酒必饮。“千年”二句，言历史的变革，王朝的兴衰，均已成为往事而销声匿迹，为何还去管他？作者借渔父之口出以旷达之语，实质上是反映了他对南宋朝廷的失望和不满。不管兴亡，正是对于兴亡之事的执着，这里不过是故作反语而已。在稼轩词中反映出世思想的作品，有些是出于一时的愤激，有些则的确表达了真情实感，必须根据作者当时的具体处境，结合同时的其他作品，以及这类词篇的本源，来做全面而具体的分析。

柳梢青·三山归途代白鸥见嘲

【宋】辛弃疾

白鸟①相迎，相怜相笑，满面尘埃。华发苍颜，去时曾劝，闻早②归来。

而今岂是高怀。为千里、莼羹③计哉。好把移文④，从今日日，读取千回。

【注　释】

①白鸟：即白鸥。
②闻早：趁早。
③莼羹：用张翰弃官南归事。
④移文：指孔稚的《北山移文》。

译　文

我走在归家的路上，我的老朋友白鸟前来迎接我。我们见了面，互相爱怜又互相欢笑。白鸟说：你满面灰尘，头发白了，面孔也苍老了。你走的时候，我就曾劝你早些回来。

我对白鸟说：我回来，不是由于我的情操高尚，自动请求退隐的；你以为我像张季鹰在千里以外，老是想着家乡的莼羹美味而弃官回家的吗？完全不是，从今天起，我天天把《北山移文》读它一千遍，永远不和你分开了。

赏析

本词作于辛弃疾由带湖出仕闽中而被再度罢职重回带湖之时，写出了他交织着惭愧与后悔、无奈与愤慨的复杂感受，是一篇极为真实的写心文字。上片主要是通过白鸟迎人嘲笑而追思过去。起韵把自己回家时的潦倒形迹，从白鸟的眼中见出。一个满面尘埃、一事无成的老翁，受到了象征纯洁忘机的“山中老友”白鸟的相迎、相怜与相笑。“满面尘埃”的自我形容，可见词人心里充满了失败的感觉。而白鸟对于词人既友好地相迎、又复相怜相笑的行为，反映了白鸟面对自己需要抚慰的山中老友的复杂态度：可怜他的失败，又忍不住要他为自己的选择负责任。白鸟的这种复杂态度，其实是词人心中对于自己出山失败的复杂感受的外移。接韵由“相怜相笑”引出，明写白鸟责问、奚落他的言辞：你这白发更多、苍老更明显的老头子，当你出山时我曾经劝告你不要出山，即便要出山，也要早些归来，当时我听见了你答应我早些归来的话语。白鸟的这番说辞，意下很为他这么晚才归来而不满。过片以“而今”一词，保持在语气上与上片的承接。白鸟奚落他道：如今你倒是终于归来了，但哪里是因为怀抱高雅、为了“莼菜鲈鱼”而回来呢！意下是说你不过是因为官做不下去了，被别人罢职而不得不回来的。这样的自揭伤口，既表达了词人因无端被罢职的愤慨，也表达了他对于自己选择的自嘲与惭愧。在结韵中，白鸟更是对他冷嘲热讽，要他从今以后，每天都把前人讽刺假隐士的《北山移文》诵读一遍，读到一千遍，进行深刻的自我反省。词人对于自己在山“有始无终”的辛辣嘲笑和嘲笑里隐含着的愤慨，至此达到了高潮。全词借白鸟的奚落与谴责，来表达这种交织着后悔与愤慨的心情。

木兰花慢·滁州送范倅[1]

【宋】辛弃疾

老来情味减，对别酒，怯流年。况屈指中秋，十分好月，不照人圆。无情水都不管；共西风、只管送归船。秋晚莼鲈[2]江上，夜深儿女[3]灯前。

征衫，便好去朝天[4]，玉殿[5]正思贤。想夜半承明[6]，留教视草[7]，却遣筹边[8]。长安故人问我，道愁肠殢酒[9]只依然。目断秋霄落雁，醉来时响空弦。

【注 释】

①范倅：即范昂，滁州（今安徽滁县）通判。倅，副职。
②莼：指莼菜羹。鲈：指鲈鱼脍。
③儿女：有二义，一指青年男女。一指儿子和女儿。此处当指作者。
④朝天：指朝见天子。
⑤玉殿：皇宫宝殿。
⑥夜半承明：汉有承明庐，为朝官值宿之处。
⑦视草：为皇帝起草制诏。
⑧筹边：筹划边防军务。
⑨殢酒：困酒。

译 文

我感到人生衰老，早年的情怀、趣味全减，面对着送别酒，怯惧年华流变。何况屈指计算中秋佳节将至，那一轮美好的圆月，偏不照人的团圆。无情的流水全不管离人的眷恋，与西风推波助澜，只管将归舟送归。祝愿你在这晚秋的江面，能将莼菜羹、鲈鱼脍品尝，回家后儿女能一起坐在夜深的灯前。

趁旅途的征衫未换，正好去朝见天子，而今朝廷正思贤访贤。料想在深夜的承明庐，正留下来教你检视翰林院草拟的文件，还派遣筹划边

防军备。首都故友倘若问到我，只说我依然是愁肠满腹借酒浇愁愁难遣。遥望秋天的云霄里一只落雁消逝不见，沉醉中我听到有谁奏响了空弦！

赏析

这首词在艺术手法上的高明之处在于联想与造境上。丰富的联想与跌宕起伏的笔法相结合，使跳跃性的结构显得整齐严密。全词的感情由联想展开。“老来情味减”一句实写，以下笔笔虚写，以虚衬实。由“别酒”想到“西风”“归船”；由“西风”“归船”想到“江上”，灯前下边转到朝廷思贤，再转到托愁肠殢酒，最后落到醉中发泄。由此及彼，由近及远；由反而正，感情亦如江上的波涛大起大落，通篇蕴含着开合顿挫、腾挪跌宕的气势，与词人沉郁雄放的风格相一致。

汉宫春·会稽秋风亭怀古

【宋】辛弃疾

亭上秋风，记去年袅袅，曾到吾庐。山河举目虽异，风景非殊。功成者去，觉团扇、便与人疏。吹不断，斜阳依旧，茫茫禹迹[①]都无。

千古茂陵词[②]在，甚风流章句，解拟相如[③]。只今木落江冷，眇眇愁余[④]。故人书报，莫因循[⑤]、忘却蓴鲈[⑥]。谁念我，新凉灯火，一编太史公书。

【注 释】

①禹迹：相传夏禹治水，足迹遍于九州，后因称中国的疆域为禹迹。
②茂陵词：指汉武帝的《秋风辞》。茂陵，汉武帝的陵墓，这里指汉武帝刘彻。
③解拟：能比拟。相如：汉代辞赋家司马相如。
④眇眇：远望貌。愁余：使我愁苦。
⑤因循：拖延，延误。
⑥蓴（chún）鲈：咏思乡之情、归隐之志。

译 文

秋风亭上的秋风姗姗吹过，拂拭着我的脸；记得它去年曾到过我的家。我抬头观望，这里的山河与我家里的山河形状虽然不一样，但人物风情却很相似。功成的人走了，我觉得到了秋天气候变冷，团扇也被人抛弃了。斜阳与过去一样，秋风是吹不断的；野外一片茫茫，古代治水英雄大禹的功绩和遗迹一点也没有了。

一千多年前汉武帝刘彻写的《秋风辞》，真是好的诗章，美妙的词句，可以称得上千古绝唱，到现在人们还在传诵着它。怎么有人说那是模仿司马相如的章句呢？现在树叶落了，江水冷了，向北方望去，一片茫茫，真叫我感到忧愁。朋友来信，催我赶快回家，不要迟延，现在正是吃蓴羹鲈鱼美味的时候。有谁会想到我，在这个秋夜凄凉的时候，独对孤灯，正在研读太史公写的《史记》呢？

赏析

起句化用《九歌·湘君》“袅袅兮秋风”句。“山河举目虽异”二句，是用《世说新语·言语》中典故。以下“功成者去”二句也连用典。这二句作者借以对宋廷排挤抗金爱国将领的做法表示不满。接下去作者看到，秋风中夕阳西下，可是当年大禹治水的遗迹已茫茫不见，无处寻觅了。辛

弃疾言外之意也是追忆大禹拯救陆沉的勋业，慨叹南宋无英雄人物能力挽狂澜。

下片依然在怀古，又提及历史上一位英雄君主。他借以缅怀汉武帝为抗击匈奴、强盛帝国所做的杰出功绩。这三句表面是说，汉武帝传颂千古的风流辞章，足可以与司马相如的辞赋媲美。这里似是赞扬汉武的文采，实是歌颂他的武略，暗指宋廷的懦弱无能。以下亦用《九歌》句："帝子降兮北渚，目眇眇兮愁予。袅袅兮秋风，洞庭波兮木叶下。"作者用此怅望江南半壁河山，缅怀大禹、汉武帝，情绪依然十分愤慨。以下句意一转，说：朋友们来信劝告我，不要留恋官场而忘记归隐。"莼鲈"用东晋张翰因秋风起思归故乡的典故，这里以友人来信的口气说出，还是弃官退隐吧。这是作者回顾历史以后，面对冷酷的现实所产生的心理矛盾。结尾却并不回答朋友，只是说：谁曾想到在这清凉的秋夜，我正挑灯攻读太史公书。

鹧鸪天·游鹅湖醉书酒家壁

【宋】辛弃疾

春入平原荠菜花，新耕雨后落群鸦。多情白发春无奈，晚日青帘[①]酒易赊。

闲意态，细生涯[②]。牛栏西畔有桑麻。青裙缟袂[③]谁家女，去趁蚕生看外家[④]。

【注　释】

①青帘：旧时酒店门口挂的幌子。多用青布制成。这里借指酒家。
②生涯：生活。

③青裙缟袂（gǎo mèi）：青布裙、素色衣。谓贫妇的服饰。借指农妇，贫妇。
④外家：泛指母亲和妻子的娘家。

译文

春天来临，平原之上恬静而又充满生机，白色的荠菜花开满了田野。土地刚刚耕好，又适逢春雨落下，群鸦在新翻的土地上觅食。忽然之间适才令人心情舒爽的春色不见了，愁绪染白了头发。心情沉闷无奈，只好到小酒店去饮酒解愁。

村民们神态悠闲自在，生活过得井然有序，牛栏附近的空地上也种满了桑和麻。春播即将开始，大忙季节就要到来，不知谁家的年轻女子，穿着白衣青裙，趁着大忙前的闲暇时光赶着去走娘家。

赏析

这首词在艺术上主要运用了对照的艺术手法，田园怡人的风光，农家闲适的生活，与词人“多情白发春无奈”的心情形成对照，从而含蓄地表现出词人不甘闲居又无奈惆怅的复杂心态；同时，这勃发的春色又暗含词人内心的不甘闲居、不甘消沉，表现了词人那如春的壮志，尽管这壮志被严酷的现实重压着。词的景物描写也很有特色，色彩明丽丰富，相映成趣；又动静结合，人物和谐，情景相生。

破阵子·为陈同甫赋壮词以寄之

【宋】辛弃疾

醉里挑灯看剑，梦回吹角连营。八百里[1]分麾下炙，五十弦翻塞外声[2]，沙场秋点兵。

马作的卢飞快，弓如霹雳[3]弦惊。了却君王天下事[4]，赢得生前身后名。可怜白发生！

【注 释】

①八百里：指牛，这里泛指酒食。
②五十弦：本指瑟，泛指乐器。塞外声：指悲壮粗犷的军乐。
③霹雳（pī lì）：特别响的雷声，比喻拉弓时弓弦响如惊雷。
④天下事：此指恢复中原之事。

译 文

醉梦里挑亮油灯观看宝剑，恍惚间又回到了当年，各个军营里接连不断地响起号角声。把酒食分给部下享用，让乐器奏起雄壮的军乐鼓舞士气。这是秋天在战场上阅兵。

战马像的卢马一样跑得飞快，弓箭像惊雷一样震耳离弦。我一心想替君主完成收复国家失地的大业，取得世代相传的美名。一梦醒来，可惜已是白发人！

赏析

全词从意义上看，可分为上下两篇，前三句是一段，十分生动地描绘出一位披肝沥胆、忠贞不二、勇往直前的将军的形象，从而表现了词人的远大抱负。后三句是一段，以沉痛的慨

叹，抒发了“壮志难酬”的悲愤。从全词看，壮烈和悲凉、理想和现实，形成了强烈的对照。作者只能在醉里挑灯看剑，在梦中驰骋杀敌，在醒时发出悲叹。这是个人的悲剧，更是民族的悲剧。而作者的一腔忠愤，无论在醒时还是在醉里、梦中都不能忘怀，是他高昂而深沉的爱国之情、献身之志的生动体现。

水调歌头·壬子三山被召陈端仁给事饮饯席上作①

【宋】辛弃疾

长恨复长恨，裁作短歌行。何人为我楚舞，听我楚狂声？余既滋兰九畹，又树蕙之百亩，秋菊更餐英。门外沧浪水，可以濯吾缨②。

一杯酒，问何似，身后名？人间万事，毫发常重泰山轻③。悲莫悲生离别，乐莫乐新相识，儿女古今情。富贵非吾事，归与白鸥盟。

【注 释】

①壬子：指绍熙三年（1192）。陈端仁：即陈岘，字端仁，闽县人。给事，给事中，官名。

②缨：丝带子。

③毫发常重泰山轻：这是说人世间的各种事都被颠倒了。

译 文

长恨啊！实在更让人长恨！我把它剪裁成《短歌行》。及时唱歌行乐吧！什么人了解我，来为我跳楚舞？听我唱楚狂人接舆的《凤兮》歌？我在带湖既种了九畹的兰花，又栽了百亩的蕙，到了秋天可以吃菊花的落花。在我的门外有沧浪的清水可以洗我的丝带。

请问：一杯酒与身后名誉，哪一件重要？身后名当然重要。但是，现今是人间万事都是本末倒置，毫发常常是重的，而泰山却倒很轻。最悲伤也没有比生离死别更悲伤的，最欢乐也没有比结识了一个志同道合的新朋友更欢乐的。这是古今以来儿女的常情。富贵不是我谋求的事，还是回到带湖的家去，与我早已订立过同盟的老朋友白鸥聚会的好。

赏析

辛弃疾于宋光宗绍熙三年（1192）初出任福建提点刑狱。是年冬天，他被宋光宗赵淳召见，由三山（今福建福州）赴临安。虽然新年将到，也只得立即起程，当时正免官家居的陈岘（字端仁）为他设宴饯行。在陈端仁为他饯行的宴会上，写了这首词。与一般的离别之词不同，辛弃疾的这首《水调歌头》，虽是答别之词，却无常人的哀怨之气。通观此篇，它答别而不怨别，溢满全词的是他感时抚事的悲恨和忧愤，而一无凄楚或哀怨。词中的声情，时而激越，时而平静，时而急促，时而沉稳，形成一种豪放中见沉郁的艺术情致。此外，词中还成功地运用比兴手法，不仅丰富了词的含蕴，而且对抒发词人的志节等，也都起到了很好的艺术效果。

梦江南·九曲池头[①]三月三

【宋】贺铸

九曲池头[①]三月三，柳毵毵[②]。香尘扑马喷金衔[③]，涴[④]春衫。

苦笋鲥鱼乡味美，梦江南。阊门[⑤]烟水晚风恬，落归帆。

【注释】

①九曲池头：据考察，苏州并无九曲池。长安有曲江池，建康又有九曲池，蜀中有所谓龙池九曲，贺词中的“九曲池”可能指的是京都汴京的游览胜地，并非实指。
②毵毵（sān sān）：枝条细长的样子。
③衔（xián）：马嚼子。
④涴（wǎn）：污染。
⑤阊（chāng）门：苏州城的西门。

作者名片

贺铸（1052—1125），字方回，又名贺三愁，人称贺梅子，自号庆湖遗老，汉族，卫州（今河南卫辉）人，北宋词人。能诗文，尤长于词。其词内容、风格较为丰富多样，兼有豪放、婉约二派之长，长于锤炼语言并善融化前人成句。用韵特严，富有节奏感和音乐美。部分描绘春花秋月之作，意境高旷，语言清丽哀婉，近秦观、晏几道。其爱国忧时之作，悲壮激昂，又近苏轼。南宋爱国词人辛弃疾等对其词均有续作，足见其影响。

译文

三月三的九曲池畔，细嫩的柳条随风飘扬。前来游春的士人很多，车马如云，踏起的尘土直扑鼻子，弄脏了游人美丽的春衫。这使我常常梦见故乡江南，那里的苦笋、鲥鱼味道很鲜美。苏州城笼罩在烟水茫茫之中，晚风轻轻吹来，使人感到很惬意。河汉中的归舟慢慢落下风帆。

赏析

这首小词的结构是独特的。上片语言绚丽，写京都春景，下片语言淡雅，写江南春景。作者对两处春景都有着一份爱意，这之中的感情是含蓄、复杂而又微妙的。“九曲池头三月三，柳毵毵。”贺铸用“九曲池头三月三”这样的词句，调遣着杜诗所铺叙极写的曲江水边丽人踏青的壮观。借着读者的联想，贺铸轻而易举地将杜诗的意境拽到了读者面前，柳丝摇曳，美女如云。“香尘扑马喷金衔，涴春衫。”仍未直接写人，但士女如云，帝城春游的场面，却从一个侧面被渲染出来了。照说，通过香尘来写游人之多，也是较常见的写法。但“香尘扑马喷金衔”一句，却颇能造成气氛。“苦笋鲥鱼乡味美，梦江南。”下片写江南春景。苦笋、鲥鱼乃江南美味，佐酒佳肴。这美味佳肴足以引起人对江南的怀念。“阊门烟水晚风恬，落归帆。”结句将这种情愫表达得更为清晰。“晚风恬”的“恬”字，极其准确地把握江南日暮晚风的特点。风恬，烟水更美，归帆落得更悠闲。“恬”，不仅是风给人的印象，也是词人此刻想到江南烟水时的情绪表现。“落归帆”三字，用语淡淡，造景淡淡，心绪似也淡淡，然而于淡淡之中分明有着一份浓浓的乡思。

满江红·清江[1]风帆甚快作此与客剧饮歌之

【宋】范成大

清江风帆甚快，作此，与客剧饮，歌之。

千古东流，声卷地，云涛如屋。横浩渺、樯竿十丈，不胜帆腹。夜雨翻江春浦涨，船头鼓急风初熟[2]。似当年、呼禹乱黄川[3]，飞梭速。

击楫[4]誓、空警俗。休拊髀，都生肉[5]。任炎天冰海，一杯相属。荻笋蒌芽新入馔，弦风吹能翻曲。笑人间、何处似尊前，添银烛。

【注　释】

①清江：江西赣江的支流，代指赣江。

②风初熟：风起时方向不定，待至风向不再转移，谓之风熟。

③乱黄川：渡黄河。

④击楫：用东晋祖逖事。比喻收复失地的决心。

⑤休拊髀，都生肉：用三国刘备事。用此抒写作者被闲置，功名不就的激愤。

作者名片

范成大（1126—1193），字至能（《宋史》等误作“致能”），一字幼元，早年自号此山居士，晚号石湖居士，平江府吴县（今江苏苏州）人。南宋名臣、文学家。范成大素有文名，尤工于诗。风格平易浅显、清新妩媚。诗题材广泛，以反映农村社会生活内容的作品成就最高。与杨万里、陆游、尤袤合称南宋“中兴四大诗人”（又称南宋四大家）。今有《石湖集》《揽辔录》《吴船录》《吴郡志》《桂海虞衡志》等著作传世。

译　文

赣江之上风很大，船非常快，作了此词，与客人一起豪饮，并以此词吟唱。（序）

古老的赣江滚滚东去，如雷的声音仿佛要把地卷起，如重叠的房屋般的巨浪像云涛汹涌。江水浩渺无际，十丈的高樯也承受不了张开的帆腹。夜雨使江水上涨，风向刚定，我们就赶紧击鼓开船。这风急浪高、船快如飞的情景，真像我当年出使金国呼唤大禹功业横渡黄河时一样。

想当年我击楫立誓，警示众人，一定要收复中原，可到头来却是一场空。长期被投闲置散，我的大腿已经长了很多肉。任它是炎热的天涯还是冰冷的海角，只有与友人举杯同饮，才心情愉快。吃着新鲜的芦苇和蒌蒿，听着美妙的琴箫声伴奏的新词，何等的惬怀。还有什么地方比酒杯前更令人高兴，银烛燃完再续新银烛。

赏析

上片落笔先写清江水流风高浪急，赣江之水，滚滚东流，千古不变，顺风急驶，作者心情轻快。与客人痛饮船上，填词佐酒，意气洋洋，潇洒风流。但表面上的轻松难以掩饰他心中沉积的愤懑，览物之情带来的开怀，无法替代报国无门、理想破灭的悲愤，作者只有借酒浇愁，以释胸中苦痛。下片起首四句用祖逖击楫和刘备抚髀感叹的典故表达自己满腔爱国热情和收复失地的希望都已化为烟云的悲哀。作者这些话看似旷达不羁，实则悲恸难抑，他把报国无路和理想成空的失意都化作一腔激愤，貌似豪爽，实为悲哀。全篇用典丰富而贴切自然，写景壮阔，情感激荡。

喜　晴

【宋】范成大

窗间梅熟落蒂，墙下笋成出林。
连雨①不知春去，一晴方觉夏深。

【注　释】

①连雨：连续下雨。

译文

窗户之间的梅子熟了之后落了下来，墙下的竹笋长成了竹林。

雨不断地下，晴下来的时候甚至不知道春天已经过去，夏天都很晚了。

赏析

范成大的这首《喜晴》，通篇写得极为抒情，也很是生动有趣。第一、二句虽然只是描写了极为普通的风景，但是通过诗人细腻的描写，充满了诗情画意。第三、四句写得就更为有趣，也更加地生动，更是把自己当时内心的感受以一种极为巧妙的方式描绘得更为独特。这两句写得极为巧妙，也最能体现出诗人对于生活的热爱，以及那一份细腻的观察，也只有这份细腻的观察才能够写出如此生动的优美诗句。

鄂州[1]南楼[2]

【宋】范成大

谁将玉笛弄中秋？黄鹤归来识旧游。

汉树[3]有情横北渚，蜀江[4]无语抱南楼。

烛天灯火三更市，摇月旌旗万里舟。

却笑鲈乡垂钓手，武昌鱼好便淹留。

【注　释】

①鄂州：隋开皇九年（589）改郢州为鄂州，治所江夏（今武昌）。
②南楼：指武昌黄鹤山上的南楼。
③汉树：汉阳的云树。
④蜀江：指长江。

译　文

谁在中秋的夜晚吹奏着玉笛？黄鹤飞回时不会认不得旧游之地。汉阳的云树依然多情地横布在长江北岸，江水默默地环拥在南楼楼底。夜已深街市仍旧灯火通明照亮天空。舟船罗列，旌旗把月光搅动了。可笑我这鲈鱼乡里的钓鱼翁，竟然因为武昌鱼好吃，就滞留在此地！

赏析

公元 1175 年（宋孝宗淳熙二年）六月，南宋著名诗人范成大作为封建王朝的高级官吏，被委任“知成都府”“权四川制置使”，经武汉去四川，两年之后，卸任回临安，又经过武汉，当时正赶上中秋节，登上武昌南楼写下了这首诗。该诗出色地描绘了武昌的繁华的都市风光。此诗前三联写中秋之夜所见南楼及江、城形胜；尾联抒发思乡归隐之情。此诗多用典故，化而不露，气势亦较为遒壮，语言清丽，风格温婉，意境超脱。

晚春田园杂兴·其一（节选）

【宋】范成大

紫青莼菜卷荷香，玉雪芹芽拔薤长[①]。
自撷溪毛[②]充晚供，短篷风雨宿横塘。

【注　释】

①拔薤长：像薤草一样长。薤：多年生草本植物，地下有鳞茎，鳞茎和嫩叶可食。
②溪毛：溪边野菜。

译　文

紫青的莼菜带着淡淡荷叶香；玉雪似的芹芽像薤草一样长。在溪边随便摘些野菜到河边洗净，当作晚饭；矮矮的帐篷驻扎在风雨交加的池塘边。

赏析

这是一首描写菜园的自然美景和野外做饭就餐的古诗，这种场景在古代是很常见的农家生活方式。最后一句“短篷风雨宿横塘”，从音韵上和画面上，都颇有“一蓑烟雨任平生”的感觉。小船、寂寥的水塘、风雨，这几个意象，同时又增添了些“野渡无人舟自横”的感慨。

祝英台近·除夜立春

【宋】吴文英

剪红情，裁绿意，花信上钗股[1]。残日东风，不放岁华去。有人添烛西窗，不眠侵晓，笑声转、新年莺语。

旧尊俎。玉纤曾擘黄柑[2]，柔香系幽素[3]。归梦湖边，还迷镜中路[4]。可怜千点吴霜，寒销不尽，又相对、落梅如雨。

【注 释】

①钗股：花上的枝杈。
②玉纤擘黄柑：玉纤，妇女手指；擘黄柑，剖分水果；擘（bāi）：分开，同“掰”。
③幽素：幽美纯洁的心地。
④镜中路：湖水如镜。

作者名片

吴文英（约1200—1260），字君特，号梦窗，晚年又号觉翁，四明（今浙江宁波）人，南宋词人。在词的创作上，吴文英主要师承周邦彦，重视格律，重视声情，讲究修辞，善于用典。在南宋词坛，属于作品数量较多的词人，其《梦窗词》有340首。他的作品多抒发个人情感，遣词清丽，婉转抒情。

译 文

剪一朵红花，载着春意。精美的花和叶，带着融融春意，插在美人头上。斜阳迟迟落暮，好像要留下最后的时刻。窗下有人添上新油，点亮守岁的灯火，人们彻夜不眠，在笑语欢声中，共迎新春佳

节。回想旧日除夕的宴席，美人白皙的纤手曾亲自把黄橘切开。那温柔的芳香朦胧，至今仍留在我的心中。我渴望在梦境中回到湖边，那湖水如镜，使人流连忘返，我又迷失了路径，不知处所。可怜吴地白霜染发点点如星，仿佛春风也不能将寒霜消融，更何况斑斑发发对着落梅如雨雪飘零。

赏析

这是节日感怀、畅抒旅情之作。时值除夜，又是立春，一年将尽，新春已至，而客里逢春，未免愁寂，因写此词。上片写除夕之夜“守岁”的欢乐。下片写对情人的思念，追忆旧日和情人共聚，抒写旧事如梦的怅恨。“归梦”以写相思，“湖边”乃词人与情侣幽约之地，梦归湖边，一片湖光如镜，幻境恍惚，没有寻到情侣，反而迷失了离魂的归路，传达出词人一片失落的怅惘。全词以眼前欢乐之景与回忆中往日之幸福突出现境的孤凄感伤形成鲜明对比，笔致婉曲，深情感人。

满江红·送李御带珙[①]

【宋】吴潜

红玉阶前，问何事、翩然引去。湖海上、一汀鸥鹭，半帆烟雨。报国无门空自怨，济时[②]有策从谁吐。过垂虹亭[③]下系扁舟，鲈堪煮。

拚[④]一醉，留君住。歌一曲，送君路。遍江南江北，欲归何处。世事悠悠浑未了，年光冉冉[⑤]今如许。试举头、一笑问青天，天无语。

【注　释】

①李御带珙（gǒng）：李珙，作者的友人。御带：也称“带御器械”，官名。为武臣的荣誉性加官。
②济时：拯救时局。从：跟，向。
③垂虹亭：地名，在今江苏吴江虹桥上，建于宋仁宗庆历（1041—1048）年间。宋代许多文学家都在诗词中提到了它。扁（piān）舟：小船。
④拚（pàn）：舍弃，不顾惜。
⑤冉冉：形容时间渐渐过去的样子。

作者名片

吴潜（1196—1262），字毅夫，号履斋，宣州宁国（今属安徽宣城）人。《宋史》《南宋书》有传。有《履斋遗集》四卷，续集一卷，别集二卷。词集《履斋诗余》一卷，存256首。

译　文

好端端地在朝廷里做官，因为什么事要翩然辞官引去？遥望湖海上满滩沙鸥白鹭，远处船儿微露半帆笼罩着烟雨。报国无门空自怅怨，济时有良策又能对谁倾吐？路过垂虹亭下不妨暂系小舟，那里著名的鲈鱼堪煮。

我甘愿拼死一醉，真诚地挽留你住。我将含泪高歌一曲，送你踏上归乡之路。踏遍江南江北，你将要归向何处？天下大事那么多全没有解决，大好年华就在这无结果中渐渐消逝。举头一笑问湛湛青天，青天也只沉默无语。

赏析

此词是一首送别之作。洋溢着作者对友人的由衷关切以及朋友间的深情厚谊。上片写友人的归隐之意及其因，前两句用问答式写归隐之意。“一汀”“半帆”，用语生动形象。后两

句写归隐之因；下片描写送友人的情景和自己的感慨。前两句先写情谊后写关切，结尾两句倾吐了词人自己有志难表，屡受压抑的情怀。抒发了自己报国无门、空怀壮志的悲慨。这首词用语清疏明快，意思深沉凝聚，风格抑扬顿挫、慷慨悲戚，词人多次设问，层层深入，托出主旨，含蓄蕴藉，发人深思，读后可令人生同情之感。

秋日行村路

【宋】乐雷发

儿童篱落①带斜阳，豆荚姜芽社肉②香。
一路稻花谁是主，红蜻蛉③伴绿螳螂。

【注 释】

①篱落：篱笆。
②社肉：社日祭神之牲肉。
③蜻蛉（líng）：蜻蜓的别称。一说极似蜻蜓。唯前翅较短，不能远飞。

作者名片

乐雷发（1210—1271），字声远，号雪矶，湖南宁远人。南宋政治家、军事家、文学家、诗人。乐雷发毕生最大的建树在于诗歌创作，入选《宋百家诗存》《南宋群贤小集》。留存于世的诗有140余首，其体裁包括七古、五古、七律、五律、七绝、五绝。很多诗，都显出了强烈的民本意识，都洋溢着很深的家国情怀，有浓厚的屈原《离骚》遗风。

译文

斜阳西照，孩子们正在院落的篱笆旁欢快地玩耍；农妇烧煮豆荚、姜芽和社肉的香味，从屋舍中阵阵飘出。路旁田间的稻谷正在扬花秀穗，远远望去，一个人也没有，只有红色蜻蜓低飞，绿色的螳螂在稻叶上爬动着。

赏析

这首诗写的是秋天经过郊野的一座小村时的所见所感，描绘了淳朴、自由、优美的农村田园风光。诗清新可爱，含蓄隽永，表现了诗人热爱农村自然风光，追求自由、闲适、和谐的田园生活的情趣。

摸鱼儿·酒边留同年[1]徐云屋

【宋】刘辰翁

怎知他、春归何处？相逢且尽尊酒。少年袅袅天涯恨，长结西湖烟柳。休回首，但细雨断桥，憔悴人归后。东风似旧。问前度桃花，刘郎[2]能记，花复认郎否？

君且住，草草留君翦韭[3]。前宵更恁时候。深杯欲共歌声滑[4]，翻湿春衫半袖。空眉皱，看白发尊前，已似人人有。临分把手。叹一笑论文[5]，清狂顾曲[6]，此会几时又？

【注 释】

①同年：古代科举考试同科中试者之互称。
②刘郎：词人自指。
③翦（jiǎn）韭：古人以春初早韭为美味，故以“剪春韭”为召饮的谦词。
④歌声滑：指歌声婉转流畅。
⑤论文：评论文人及其文章。
⑥顾曲：指欣赏音乐、戏曲等。

作者名片

刘辰翁（1232—1297），字会孟，别号须溪。又自号须溪居士、须溪农、小耐，门生后人称须溪先生。庐陵灌溪（今江西省吉安市吉安县梅塘乡小灌村）人。南宋末年著名爱国诗人。他一生致力于文学创作和文学批评活动，为后人留下了可贵的丰厚文化遗产。风格取法苏辛而又自成一体，豪放沉郁而不求藻饰，真挚动人，力透纸背。作词数量位居宋朝第三，仅次于辛弃疾、苏轼。遗著由其子刘将孙编为《须溪先生全集》，《宋史·艺文志》著录为一百卷，已佚。

译 文

怎么知道他，春天归到哪儿？朋友相逢聚宴，且将杯中酒饮干。年轻时便尝到天涯漂泊的悠悠恨怨，着恨怨悠悠，永远和西湖边烟雾朦胧的垂柳缠绵。不要回首往事，眼前只见细雨迷蒙的断桥，待人重归西湖之后，已然是一张憔悴的脸。东风已然如旧日暖软，面对着前度开放的桃花鸿雁，刘郎尚能记得，那桃花可否记得刘郎的容颜？

请君暂且停留，让我草草准备一顿蔬菜淡饭，前晚也正是这样的时辰朋友聚宴。斟满深深的酒杯，想共同高歌一曲圆亮婉转，打翻酒杯洒湿了春衫袖子的半边。空自皱紧眉端，看斑斑白发守在离宴之前，仿佛人人都曾有过这种忧烦。临到分别执手相看，可叹往日谈笑间评点文心，清高疏狂地鉴赏乐曲，这等聚会不知何时才能重见！

【赏析】

这是首即事抒情之作。开头写“不管春归，但只饮酒”的牢骚，是对南宋败亡以后的沉痛伤感，“少年”两句追忆词人与徐云屋早年结友，为家国大事共同忧虑奔波。“休回首”即不堪回首，旧地重游，江山易主，连花都在伤感赵宋的灭亡。下片开头点明“留”旧友“酒边”共饮意，强调二人纯真的友谊。“前朝”三句叙说怀念故国之情，最后一句表达出亡国遗民的无奈。词风老到，语言质朴，颇为厚重。

水调歌头·平山堂[1]用东坡韵

【宋】方岳

秋雨一何碧，山色倚晴空。江南江北愁思，分付酒螺红。芦叶蓬舟千重，菰菜莼羹一梦，无语寄归鸿。醉眼渺河洛[2]，遗恨夕阳中。

苹洲外，山欲暝，敛眉峰。人间俯仰陈迹，叹息两仙翁[3]。不见当时杨柳，只是从前烟雨，磨灭几英雄。天地一孤啸，匹马[4]又西风。

【注 释】

①平山堂：在今扬州西北蜀岗上，为欧阳修所建。
②河洛：黄河与洛水之间的地区。此处泛指沦陷于金兵之手的土地，故词人有遗恨在焉。
③两仙翁：指欧阳修与苏东坡。
④匹马：有作者自喻意。

作者名片

方岳（1199—1262），字巨山，号秋崖，又号菊田，南宋诗人、词人。徽州祁门（今属安徽）人，一说台州宁海（今属浙江）人。他议政论事的文章，流畅平易，且颇有见地。他也是南宋后期的骈文名家，所作表、奏、启、策，用典精切，文气纡徐畅达，为当时人所称道。方岳的诗多反映他罢职乡居时的心情和感慨。方岳的词作属辛弃疾派，善用长调抒写国仇家恨。有《深雪偶谈》《秋崖集》存世。

译文

平山堂上伫立远望，秋雨过后，江岸的山色在晴空映衬下分外青碧。一个人辗转大江南北，有多少忧愁思绪，都付之一醉，暂且忘却吧。乘坐小船沿芦苇岸边千里漂泊，张翰那种思念菰菜莼羹就辞官归家的作为，于我只能是一场梦了，我唯有默默无语把思念寄托给南飞鸿雁。醉眼蒙眬中回望渺远的黄河洛水，夕阳笼罩下留存多少遗憾和愤恨！

在苹草萋萋的洲渚外面，远山在暮色里就要收敛它的眉峰。俯仰凭吊平山堂的人间遗迹，叹息欧、苏两位仙翁已然远逝。眼前没了当时的杨柳，只是从前的烟雨，磨灭了几位英雄。且唱响一声孤啸，我又将在西风凄紧的天地间匹马启程。

赏析

本词一开始，就展现了一幅江南的秋景："秋雨一何碧，山色倚晴空"，寥寥两句，就把江南秋日雨天和晴天的特色呈现于读者眼前。南国的秋并不如北国那样凄凉萧索，但词人的愁情却弥漫在"江南江北"，这就表明他的愁不是由自然景色引起的一般性的悲秋，而是另有原因。"江南江北"

四字正是这愁的缘由，怅望江南，偏安一隅；放眼江北，沦于敌手。江山社稷正处于内忧外患之中，哪能不令人愁？“分付酒螺红”即借酒浇愁之意。“芦叶蓬舟千重”表明词人正在行旅途中，蓬舟一叶穿过重重芦叶漂泊于江湖之上，菰菜莼羹的美味仅存于昔日的记忆之中。抬头仰望南归的大雁，因事业无成，壮志未酬，无语可寄；醉眼蒙眬中北望黄河、洛水，缥缈难见，大好河山不能恢复的遗恨只能沉浸在眼前的夕阳之中，

下片依然是眼前景物与内心情绪的交织。诗人在江上漂泊，回眸苹洲之外，暮色四面袭来，几乎溶尽了山影，山似眉峰皱，山峰与诗人的眉头一样都在愁苦中紧蹙。俯仰人间已为陈迹，慨叹自身盛年易逝，事业无成，转眼之间年华老大，壮志即尽付东流。“不见当时杨柳”以下三句亦是时光荏苒，世事推移，人寿难久之意。英雄豪杰尚且随着时光的流逝而磨灭，何况我辈？最后词人发出“天地一孤啸”的长叹：茫茫天地之间，只有我一人如此长啸浩叹，而叹有何用，啸又何益？明天还是得迎着西风匹马踏上人生的征途，跋涉长驱！这又表现了诗人一种明知不可为而为之的勇气，一种虽九死而未悔的韧性和顽强毅力！

蓦山溪·湖平春水

【宋】周邦彦

湖平春水，菱荇萦船尾。空翠①入衣襟，拊轻桹②、游鱼惊避。晚来潮上，迤逦没沙痕，山四倚。云渐起。鸟度屏风③里。

周郎逸兴[4]，黄帽侵云水[5]。落日媚沧洲[6]，泛一棹、夷犹未已。玉箫金管，不共美人游，因个甚，烟雾底。独爱莼羹美。

【注　释】

①空翠：指带露的草木的叶子又绿又亮，像是要滴下水来。
②拊（fǔ）：拍，击。榔（láng）：捕鱼时用以敲船的长木条。
③屏风：喻重叠的山峰。
④周郎：作者自称。逸兴：清雅闲适的兴致。
⑤黄帽：指头戴黄帽的船夫。侵云水：指行船于云水相映的湖面。
⑥媚：娇媚，这里是艳美的意思。沧洲：水滨之地。

作者名片

周邦彦（1056—1121），字美成，号清真居士，汉族，钱塘（今浙江杭州）人，北宋末期著名的词人。周邦彦精通音律，曾创作不少新词调。作品多写闺情、羁旅，也有咏物之作。作品在婉约词人中长期被尊为“正宗”。旧时词论称他为“词家之冠”或“词中老杜”，是公认“负一代词名”的词人，在宋代影响甚大。有《清真居士集》，已佚，今存《片玉集》。

译　文

春天的湖水平如明镜，菱荇缠绕在船尾。眼前绿意盎然，水雾迷蒙，扑入游人的衣襟，轻轻拍着榔，水里的游鱼都避让开来。傍晚潮水来临，淹没曲折绵延的岸沙。四面环绕着青山。云霞渐渐升起。飞鸟从这重叠的山峦经过。

周郎兴致闲适，行船于云水相映的湖面。落日晚霞使得水滨之地更显艳美，自由自在地划船桨，意犹未尽。与吹箫弄笛的美人共游，也比上这番，为什么呢？在这云烟雾气当中，独独偏爱故乡莼羹的美味。

赏析

《蓦山溪·湖平春水》是北宋词人周邦彦所作的一首记游词，描写了他春日游湖所获得的逸兴雅趣。词的上片专在写景，春水平湖，菱荇萦船，空翠入襟，游鱼避根，晚潮迤逦，山云倚起，鸟度屏风，极写湖上景色之美和荡舟游湖之乐，境界空明而高远。词的下片写因游湖之乐而引起的关于人生归宿的感悟，世间万美，包括词中提到的美人，都不如回到江南老家、自由自在地隐居浪游于山水之间的“莼羹美”。全篇的写景抒情既显豁而又含蓄，作者游湖本为排遣乡愁，却通篇不言愁而只言乐，直至篇末才点出张翰式的思归之愿，正所谓“曲终奏雅”。

诉衷情·出林杏子落金盘

【宋】周邦彦

出林杏子落金盘。齿软①怕尝酸。可惜半残②青紫，犹印小唇丹。

南陌上，落花闲。雨斑斑③。不言不语，一段伤春，都在眉间。

【注　释】

①齿软：牙齿不坚固。
②半残：指杏子被咬了一口。青紫：此处指杠杆透出紫红的半熟青杏颜色。
③斑斑：颜色驳杂貌。

译文

新出林的杏子特点是鲜脆，逗人喜爱。但又由于是新摘，没有完全熟透，味道是酸多甜少，颜色青紫而不太红。而少女好奇，好新鲜，见到鲜果以先尝为快。但乍尝之后，便觉味酸而齿软了。青紫色的残杏上，留下少女一道小小的口红痕迹。

南边的田间小路上，满地落花狼藉，春雨斑斑，送走了春天。少女伤春每由怀春引起，对花落春归，感岁月如流，年华逝水，所以她只能不言不语，终日攒眉。

赏析

这首词抒写伤春之情，上片写妙龄女子尝杏怕酸，细腻工致地透过残杏写少女的天真无邪娇态，下片写女子所目睹的环境，为结三句渲染烘托，暗示其伤春情绪，使其伤春心事都表现在结尾“眉间”二字上。这首词上下两片初看似无关系，不易衔接，实则用暗线贯串，自然过渡，结构曲折。作者又善于抒写女性心理，将女性心理活动与景物描摹巧妙结合，可谓妙合无垠，这也正是作者构思细密、匠心独运之处。

齐天乐·绿芜凋尽台城[1]路

【宋】周邦彦

绿芜凋尽台城路，殊乡又逢秋晚。暮雨生寒，鸣蛩劝织，深阁时闻裁剪。云窗静掩。叹重拂罗裀，顿疏花簟[2]。尚有练囊，露萤清夜照书卷。

荆江留滞最久，故人相望处，离思何限。渭水西风，长安乱叶，空忆诗情宛转，凭高眺远。正玉液新篘[3]，蟹螯初荐。醉倒山翁[4]，但愁斜照敛[5]。

【注　释】

①台城：旧城名。本三国吴后苑城，晋成帝改建为建康宫，为东晋和南朝的宫省所在，所谓禁城，亦称台城。此处用以代指金陵古城（即今南京市）。
②花簟（diàn）：织有花纹图案的竹凉席。
③篘（chōu）：漉酒竹器，亦可作动词。
④山翁：山翁指山简，晋代竹林七贤之一的山涛之幼子，曾镇守荆襄，有政绩，好饮酒，每饮必醉。
⑤斜照敛：指太阳落山。敛，收，指太阳隐没到地平线下。

译　文

秋景萧条，客子秋心寥落，正如杂草凋敝穷竭至极的台城。身处异乡又正逢晚秋悲中逢悲，更添伤感。傍晚的雨生起寒意，蟋蟀的鸣声似劝人机织，间歇听到闺房中的女子正在赶制寒衣。暑去凉来，撤去花簟，铺上罗裀，织有花纹图案的竹凉席。纵然夏日所用已收藏、疏远，但还留得当时清夜聚萤照我读书之练囊。练（shū），一种极稀薄之布。

我在荆江停留的时间越久，老友相对，离别后的思绪无限，无边怀念汴京之故人，情绪、兴致辗转周折，登临高处，唯有求得一醉，借酒消愁。用着漉酒竹器，把蟹端上筵席来下酒。忽见夕阳西沉，纵然酩酊大醉，但仍无计逃愁。

赏析

这首词抒写伤春之情，上片写妙龄女子尝杏怕酸，细腻工致地透过残杏写少女的天真无邪娇态，下片写女子所目睹的环境，为结三句渲染烘托，暗示其伤春情绪，使其伤春心事都表

现在结尾“眉间”二字上。这首词上下两片初看似无关系，不易衔接，实则用暗线贯串，自然过渡，结构曲折。作者又善于抒写女性心理，将女性心理活动与景物描摹巧妙结合，可谓妙合无垠，这也正是作者构思细密、匠心独运之处。

秋霁·江水苍苍

【宋】史达祖

江水苍苍，望倦柳愁荷，共感秋色。废阁先凉，古帘空暮，雁程最嫌风力。故园信息，爱渠入眼南山碧。念上国[1]，谁是、脍鲈江汉未归客。

还又岁晚，瘦骨临风，夜闻秋声，吹动岑寂[2]。露蛩悲，青灯冷屋，翻书愁上鬓毛白。年少俊游[3]浑断得，但可怜处，无奈苒苒魂惊，采香南浦[4]，剪梅[5]烟驿。

【注 释】

①上国：首都。南宋京城临安。此泛指故土。
②岑寂：寂寞，孤独冷清。
③俊游：好友。
④南浦：南面的水边。后常用称送别之地。
⑤剪梅：用陆凯寄梅给范晔的典故。

作者名片

史达祖（1163—约1220），字邦卿，号梅溪，汴（今河南开封）人，南宋婉约派重要词人，风格工巧，推动宋词走向基本定型。史达祖的词以咏物为长，其中不乏身世之感。他还在宁宗朝北行使金，这一部分的北行词，充满了沉痛的家国之感。今传有《梅溪词》。存词112首。

译 文

江水苍茫无际，眼望柳丝倦疲荷花愁凄，我跟柳荷共同感受到了秋意。荒废的楼阁先感到寒凉，陈旧的帷帘空垂着暮色，远飞的鸿雁最厌恶猛劲的风力。羁旅中企盼故园的消息，我爱故乡那映入眼帘的南山翠碧。眷念着京都，谁是那羁旅江汉、怀恋家乡美味的未归客？

很快又到了岁末，瘦骨嶙峋，临风而立，听着夜晚萧瑟的秋风，吹动起我心中的冷寂。夜露中蟋蟀叫得悲戚，一盏青灯照着冷屋，翻着书禁不住愁肠满腹，将两鬓染成了白色。年少时豪爽俊逸的游伴已完全断绝了消息。最使我可怜难堪的地方，使我痛楚无奈，柔弱的神魂惊悸，是在南浦采撷香草相送，是在雾绕烟迷的驿馆剪梅赠别！

赏析

《秋霁·江水苍苍》是南宋词人史达祖在开禧北伐失败后，被流放江汉时期所作。写目见秋景所引起的归思和对身世的感伤，下片写深夜听秋声，心生流放异乡的惶恐和无法形容的孤寂，寄寓贬谪生涯的凄苦。前后片各有侧重，一是空间远隔，一是时间消逝，把郁积在心中的家园之恨，身世之感写的沉郁而精工。全词笔力清峭劲健，风格沉郁苍凉。

大有·九日

【宋】潘希白

戏马台前，采花篱下，问岁华、还是重九。恰归来、南山翠色依旧。帘栊昨夜听风雨，都不似、登临时候。一片宋玉情怀，十分卫郎清瘦。

红萸佩、空对酒。砧杵[1]动微寒，暗欺罗袖。秋已无多，早是败荷衰柳。强整帽檐攲侧[2]，曾经向、天涯搔首。几回忆，故国莼鲈，霜前雁后[3]。

【注　释】

①砧杵（zhēn chǔ）：捣衣石和棒槌。亦指捣衣。
②“帽檐”句：用孟嘉龙山落帽事。攲（qī），倾斜。
③霜前雁后：杜甫诗：“故国霜前北雁来。”

作者名片

潘希白，字怀古，号渔庄，永嘉（今浙江温州）人。南宋理宗宝祐元年（1253）年中进士，授士办临安节制司公事，德祐元年(1275)任史馆检阅，未赴。早年向赵汝回学诗，有诗名，复工乐府。著有《柳塘集》。存词1首。

译　文

古老的戏马台前，在竹篱下采菊酿酒，岁月流逝，我问今天是什么时节，才知又是重九。我正好归来，南山一片苍翠依旧，昨夜在窗下听着风雨交加，都不像登临的时候。我像宋玉一样因悲秋而愁苦，又像卫玠一般为忧时而清瘦。

我佩戴了红色的茱萸草，空对着美酒，砧杵惊动微寒，暗暗侵逼衣袖。秋天已没有多少时候，早已是满目的残荷衰柳。我勉强整理一下倾斜的帽檐，向着远方连连搔首。我多少次忆念起故乡的风物。莼菜和鲈鱼的味道最美时，是在霜冻之前，鸿雁归去之后。

赏析

这首词写重阳节。词上片开头用宋武帝重阳登戏马台及陶潜重阳日把酒东篱的事实点明节令。接着表达向往隐逸生活的意趣。“昨夜”是突现未归时自己悲秋的情怀和瘦弱身体，以及“归来”得及时和必要。下阕第一句承开头咏重阳事，暗含自叹老大伤悲之意。“几回忆”三句亦是尚未归来时心情。反复推挪与呼应，最后归结于“天涯归来”者对当年流落时无限愁情的咀嚼。

贺新郎·挽住风前柳

【宋】卢祖皋

彭传师[①]于吴江三高堂[②]之前钓雪亭，盖擅渔人之窟宅以供诗境也，赵子野[③]约余赋之。

挽住风前柳，问鸱夷当日扁舟，近曾来否？月落潮生无限事，零落茶烟未久[④]。谩留得莼鲈依旧。可是功名从来误，抚荒祠、谁继风流后？今古恨，一搔首。

江涵雁影梅花瘦，四无尘、雪飞云起，夜窗如昼。万里乾坤清绝处，付与渔翁钓叟。又恰是、题诗时候。猛拍阑干呼鸥鹭，道他年、我亦垂纶手。飞过我，共樽酒。

【注　释】

①彭传师：词人好友，具体生平不详。
②三高堂：在江苏吴江。宋初为纪念春秋越国范蠡、西晋张翰和唐陆龟蒙三位高士而建。
③赵子野：名汝淳，字子野，昆山人。词人好友。
④零落茶烟未久：缅怀唐代文学家陆龟蒙。

作者名片

卢祖皋（约1174—1224），字申之，又字次夔，号浦江，永嘉（今浙江温州）人。南宋庆元五年（1200）进士，初任淮南西路池州教授、历任秘书省正字、校书郎、著书郎、累官至权直学士院。著有《浦江词稿》，存词96首。诗作大多遗失，唯《宋诗记事》《东瓯诗集》尚存近体诗8首。

译　文

伸手挽住那在风中飘摇的柳丝，询问那范蠡和当日的那叶扁舟，近来可曾到过这儿？陆龟蒙平时以笔床茶灶自随，不染尘氛。时隔三百多年，在松江和太湖上飘荡，循环往复，年复一年。这位江湖散人当年的茶烟，似乎还零落未久呢。但天随子此时又在何方？可是世人往往都为功名利禄所误，手抚三高堂那荒败的祠堂，不知后世之中还有谁能继承三高那样的品性？古往今来，遗恨无穷，尽皆消泯于搔首之间。

空中飞过一行大雁，雁影倒映在江水中，江边梅花凋残，四野明洁，了无尘土，风起雪飞，洁白的雪色，映照得夜窗一片明净，恍若白昼。这清绝的万里乾坤，还是托付给渔翁钓叟的钓竿吧。这正好是激人诗兴，提笔吟诗的时候。猛然间我拍着钓雪亭的栏杆，呼唤着空中飞翔的鸥鹭，与它约定他年我也会来此做一个钓叟。鸥鸟的身影一掠而过，我们共饮着那樽清酒。

赏析

这是一首借写夜季之景，寄托词人归隐而去的愿望之作。在词的上片，词人纵情歌赞三高的高风亮节，以实写虚，先拓开境界。而以“抚荒祠、谁继风流后”一句，为下片即景抒怀歌咏钓雪亭这一主题，奠定了根基。上片所咏，只是“山雨欲来”之前的衬笔。下片写钓雪亭上所见的江天夜雪的情景，以及词人和友人在观赏此景之后，对渔翁钓叟的艳羡，对水边鸥鹭的深情呼唤，对自己他年有志垂纶的衷心誓愿，才是这首词的主体。这首词有意在笔先、一唱三叹、情景交融、神余言外之妙。除此之外，意境清新、优美，语言隽丽，表现出词人清俊潇洒的风格，是一首成功之作。

沁园春·饯税巽甫

【宋】李曾伯

饯税巽甫[①]。唐入以处士[②]辟幕府如石、温辈甚多。税君巽甫以命士来淮幕三年矣，略不能挽之以寸[③]。巽甫号安之，如某歉何。临别，赋《沁园春》以饯。

水北洛南，未尝无人，不同者时。赖交情兰臭[④]，绸缪相好；宦情云薄，得失何知。夜观论兵，春原吊古，慷慨事功千载期。萧如也，料行囊如水，只有新诗。

归兮，归去来兮，我亦办征帆非晚归。正姑苏台[⑤]畔，米廉酒好；吴松江[⑥]上，莼嫩鱼肥。我住孤村，相连一水，载月不妨时过之。长亭路，又何须回首，折柳依依。

【注　释】

①税巽（xùn）甫：作者友人，生平不详。
②处（chǔ）士：古代不曾入仕的士人。
③挽之以寸：尽力引荐，此为谦词。
④交情兰臭（xiù）：此处形容作者与税巽甫情投意合。
⑤姑苏台：春秋时吴国建造，在今江苏苏州姑苏山上。
⑥吴松江：即吴淞江，源于太湖，汇入黄浦江入海。

作者名片

李曾伯（1198—？），字长孺，号可斋，覃怀（今属河南）人。历官兵部尚书、四川宣抚使等，主张抗击金兵，为一时名臣。其尤工词，擅作长调，慷慨奔放，不作绮艳语，风格与辛弃疾相仿。著有《可斋类稿》，有词9卷，200余首。

译　文

唐代士子由幕府征召而授官的很多，如元和年间的石洪、温造即是。而税君以一个在籍的士人身份，来我这里三年了，我却一点也不能使他得到提拔。他虽然处之泰然，可我多么歉疚！临别，写这首词为他送行。

今天未尝没有石、温那样的人才，只是时代不同了。遇于时，则人才辈出，不遇于时，则命士如巽甫终是尘土消磨。凭交情，我和巽甫是再好不过了；但我们都是拙于吏道，把做官看得很淡泊，就中的得失怎么看得清呢？照说，凭我们的交情和我的地位，巽甫是不难求得一进的，结果竟这样！其原因除了上面提明的时代昏暗外，就是我的迂拙了。巽甫常常和自己夜间在楼台上谈论军事，在春原上凭吊古迹，激昂慷慨，以千秋功业相期许。三年来一无所得，归去是两袖清风。

你先回去吧。这是我俩的共同愿望，我已备置好远行的船，不久也要辞官归去。现在正是吴中米贱酒甘，吴淞江上莼菜鲜嫩、鲈龟肥美的时候。我的住处和你一水相连，不妨经常趁着月色乘船造访。既然不久即将相会，那么，在长亭折柳送别时，又何必回首依依不舍呢？

赏析

这首词上片开头三句即直接发议论和感慨，然后赞扬作者友人税巽甫的高洁，安于贫困，一方面也说明税巽甫当时的潦倒。下片以月色、水光为背景，表现两人退隐后的闲适自在的生活情趣和高洁的友谊。最后又归结到送别。紧承前面的意思，提出既然不久即将相会，送别时就不必依依不舍的意思。这是一首类似“壮行色”的送别词，特点是不伤别，反而鼓励归去，在平淡的措辞中，隐含着对现实的极度愤慨的情绪。

蓦山溪·自述

【宋】宋自逊

壶山居士①，未老心先懒。爱学道人家，办竹几、蒲团②茗碗③。青山可买，小结屋三间，开一径，俯清溪，修竹栽教满。

客来便请，随分④家常饭。若肯小留连，更薄酒，三杯两盏，吟诗度曲，风月任招呼。身外事，不关心，自有天公管。

【注　释】

①壶山居士：词人自号。居士：犹处士，古代称有才德而隐居不仕的人。

②蒲团：信仰佛、道的人，在打坐和跪拜时，多用蒲草编成的团形垫具，称“蒲团”。

③茗碗：煮茶用茶碗。

④随分：随便。

作者名片

宋自逊（约1200年前后在世），字谦父，号壶山，南昌人。生卒年均不详。文笔高绝，当代名流皆敬爱之。与戴复古尤有交谊。他的词集名渔樵笛谱，《花庵词选》行于世。

译 文

壶山居士，人还没有老心就懒散了。喜欢学道的人，家中办了读写用的竹九、憩坐用的蒲团、煮茗用的茶碗。有青山可以观赏。筑有小茅屋三间，再开辟一条小径，俯视溪水，将高大茂密的竹子栽满屋子的四周。

有客来请自便，随分吃一点家常饭。如果愿意小作停留，再置薄酒，喝它两三杯。吟味诗歌、自制曲子，风和月任人招呼。身外之事。我都不关心，自会有天公去管。

赏析

这是南宋词人宋自逊所作的一首描写隐逸生活的述志词。词人大约生活在南宋倾亡前那段社会动荡时期。由于对现实的悲观失望和道教无为思想的影响，词人养成了淡泊名利的性格，于是避开了热闹尘世，过起了隐居生活。这首词大约作于这一时期。该词的上片主要描述词人居处，从中流露心境情怀；下片言处世的随和与闲吟的自在，表达了词人恬淡旷达的出世情怀和万事随遇而安的生活态度。全词语句信手拈来、不事雕琢，清淡中自含不尽韵味。

题春江渔父图

【元】杨维桢

一片青天白鹭前，桃花水[①]泛住家船。
呼儿去换城中酒，新得槎头缩项铺鳊[②]。

【注　释】

①桃花水：桃花汛，指春天桃花盛开之时，川谷冰融，河流涨满。
②槎头缩项鳊（biān）：即鳊鱼。缩头，弓背，色青，味鲜美，以产汉水者最著名。

作者名片

杨维桢（1296—1370），字廉夫，号铁崖、铁笛道人，又号铁心道人、铁冠道人、铁龙道人、梅花道人等，晚年自号老铁、抱遗老人、东维子。绍兴路诸暨州枫桥全堂（今浙江省诸暨市枫桥镇全堂村）人。元末明初诗人、文学家、书画家。杨维桢在诗、文、戏曲方面均有建树，历来对他评价很高。杨维桢为元代诗坛领袖，因“诗名擅一时，号铁崖体”，在元文坛独领风骚40余年。

译　文

青天一片，白鹭徐来，桃花绽开，江波浩渺，渔船在岸边拍打着浪花。渔父唤儿进城打酒，酒资则是刚刚捕捞到的鲜美鳊鱼。

赏析

这是一首题画诗，描绘了一个真正以打鱼为生的渔父形象，歌颂了渔家人自得其乐的生活。该诗的构思较为精细，远景、近景与人物，由远及近，层次分明。读起来通顺易懂，清

晰明快。

首句写远景。青天一片，白鹭翩飞，诗人用淡雅的色彩为全篇染上一层明快的底色。次句写近景。桃花绽开，预示这正是阳春三月的时令。在这里，诗人还特意指出，这是一条“住家船”。如此看来，江水是渔父赖以谋生的土壤，渔船则是渔父借以栖身的房屋。如今渔父泊船岸边，显然是有需要到岸上解决的事务，于是，自然引出了下面的诗句。三、四两句写渔父唤儿进城打酒，而酒资则是刚刚捕捞到的鲜美的“槎头缩项鳊”，也就是武昌鱼。这本是极其普通的场面，打鱼人大多嗜酒，以捕捞所得与人换酒也是常事，而诗人正是希望通过这些日常普通的事务的描绘，显示以物易物的质朴、父呼子应的天伦之乐以及渔父自给自足、自得其乐的畅快。

渔父词二首·其一

【元】赵孟頫

渺渺烟波一叶舟，西风落木五湖[①]秋。
盟鸥鹭[②]，傲王侯，管甚鲈鱼不上钩。

【注　释】

①五湖：说法不一，有指江苏太湖；有指太湖及其附近四湖；有泛指各处湖泊，如言“五湖四海”。

②盟鸥鹭：与沙鸥白鹭结盟，暗示归隐山水田园。

作者名片

赵孟頫（1254—1322），字子昂，号松雪道人，湖州（今浙江湖州）人。元代著名画家，楷书四大家之一。赵孟頫博学多才，能诗善文，懂经济，工书法，精绘艺，擅金石，通律吕，解鉴赏。特别是书法和绘画成就最高，开创元代新画风，被称为“元人冠冕”。他也善篆、隶、真、行、草书，尤以楷、行书著称于世。著作有《松雪斋集》等。

译 文

一只小船行在浩渺的烟波上，西风吹落叶，太湖上一片秋意。我和鸥鹭结盟，傲视王侯，管他什么鲈鱼能不能上钩。

赏析

该词一开始就把我们带入一个烟波浩渺的开阔境界，在水天相接的渺渺烟波间，一叶扁舟正在若隐若现地出没。诗人从空间的角度描写了渔父纵一叶之扁舟、凌万顷之烟波的开阔自由的形象之后，接着便点明其活动的时间和周遭的氛围：西风阵阵吹来，片片落叶飘飘而下，五湖烟水笼罩着一派萧萧秋色。诗人对渔父生活境界的讴歌乃是自身理想与希望的一种寄托，诗人笔下的渔父，实质上是作者心中自己的化身。与鸥鹭为伴为友，笑傲王侯权贵，这并不是生活中渔父的实际思想状况，而是诗人自己情绪的对象化。赵孟頫这首词中，“盟鸥鹭”三字暗喻自己因无追名逐利的机巧之心方可与鸥鹭“为盟”。

天净沙·夏

【元】白朴

云收雨过波添，楼高水冷瓜甜，绿树阴垂画檐[①]。纱厨藤簟[②]，玉人罗扇轻缣[③]。

【注　释】

①画檐：有画饰的屋檐。
②纱厨：用纱做成的帐子。簟：竹席，苇席。
③缣（jiān)：细的丝绢。

作者名片

白朴（1226—约1306），原名恒，字仁甫，后改名朴，字太素，号兰谷。祖籍隩州（今山西河曲附近），后徙居真定（今河北正定），晚岁寓居金陵（今南京市），终身未仕。他是元代著名的文学家、曲作家、杂剧家，与关汉卿、马致远、郑光祖合称为元曲四大家。代表作主要有《唐明皇秋夜梧桐雨》《裴少俊墙头马上》《董月英花月东墙记》等。

译　文

云销雨霁，水面增高并增添了波澜，远处高楼显得比平时更高了，水让人感觉到比平时更凉爽了，雨后的瓜也似乎显得比平时更甜了，绿树的树荫一直遮到屋檐。纱帐中的藤席上，芳龄女孩身着轻绢夏衣，手执罗扇，静静地享受着宜人的夏日时光。

赏析

作者选取了一个别致的角度：用写生手法，勾画出一幅宁静的夏日图。虽然韵调和含义不及春、秋两曲，但满是甜蜜。云雨收罢，楼高气爽，绿树成荫，垂于廊道屋檐，微微颤动，极尽可爱。透过薄如蝉翼的窗纱，隐约见到一个身着罗纱、手持香扇的女子躺在纱帐中的藤席上，扇子缓缓扇动，女子闭目假寐，享受夏日屋内的阴凉，那模样美得令人心动。整首小令中没有人们熟悉的夏天燥热、喧闹的特征，却描绘了一个静谧、清爽的情景，使人油然产生神清气爽的感觉。

沉醉东风·有所感

【元】周德清

羊续①高高挂起，冯②苦苦伤悲。大海边，长江内，多少渔矶？记得荆公③旧日题：何处无鱼羹饭吃？

【注　释】

①羊续：东汉人。汉灵帝时任庐江、南阳二郡太守，为官廉正。同僚曾送他一条鱼，他推受不了，就挂在庭前。后来人们再要送鱼，他指着悬挂未动的鱼，示意无心收受。

②冯：战国时齐国孟尝君的门客冯谖。

③荆公：北宋王安石封荆国公，人称王荆公。

作者名片

周德清（1277—1365），字日湛，号挺斋，高安（今属江西省高安市杨圩镇暇塘周家）人，元代文学家。北宋哲学家周敦颐的后代。工乐府，善音律。终身不仕。著有音韵学名著《中原音韵》，为我国古代有名的音韵学家与戏曲作家。《录鬼簿续篇》对他的散曲创作评价很高，然其编著的《中原音韵》在中国音韵学与戏曲史上却有非凡影响。

译文

羊续做官，把送来的生鱼在庭前高悬；冯谖为吃不上鱼而弹铗悲叹。大海旁边，长江里面，有多少渔人垂钓的矶岸。我记起王安石当年曾言，江湖隐居，哪里会吃不到鱼羹饭！

赏析

本篇起首使用羊续、冯谖两则与鱼相关的典故，“高高挂起”与“苦苦伤悲”相映成趣。两人的态度虽截然不同，但一为官吏，一为门客，都是仕途上的人物，在失去自由身这一点上又有共同之处，所以这两句都是铺垫，用来与接下的三句形成对照。在第三、四、五句中，未出现具体的人物，因为“多少渔矶”，隐于江湖的渔翁人数太多了。作者采用问句的形式，暗示“大海”“长江”无处不可隐居，从而引出了末尾两句的感想。言下之意，羊续高高挂起是为官清廉，冯苦苦伤悲是怀才不遇，他们都比不上那些散隐各地的无名渔翁。利用“鱼”的内在联系，引出用世、出世的优劣比较，这种构思是颇为新奇的。“鱼羹饭”代表着“江湖”的“常餐”。推其本原，这三字实同西晋张翰那则思鲈鱼莼羹而决然辞官的著名典故。对于在官者来说，“何处无鱼羹饭吃”，也就是随时随地都不妨急流勇退、挂冠回乡的意思。

普天乐·秋怀

【元】张可久

为谁忙，莫非命。西风驿马[①]。落月书灯。青天蜀道难，红叶吴江[②]冷。两字功名频看镜，不饶人白发星星。钓鱼子陵[③]，思莼季鹰，笑我飘零。

【注　释】

①西风驿马：指在萧瑟西风中驱马奔忙。
②吴江：即松江，为太湖最大的支流。
③钓鱼子陵：指拒绝汉光武帝征召，隐居垂钓的严光。

作者名片

张可久（约 1270—约 1348），字小山（一说名伯远，字可久，号小山）（《尧山堂外纪》）；一说名张可久，字伯远，号小山（《词综》）；又一说字仲远，号小山（《四库全书总目提要》），庆元（治所在今浙江宁波鄞州区）人，元朝重要散曲家，剧作家，与乔吉并称“双璧”，与张养浩合为“二张”。现存小令 800 余首，为元曲作家最多者，数量之冠。

译　文

究竟是为谁这样辛苦奔波？莫非是命中注定。西风萧瑟瘦马颠簸，落月下书卷伴一盏昏灯。蜀道之难难于上青天，红叶满山吴江凄冷。为那两字功名，岁月匆匆不饶人，镜中人已白发频添。垂钓的严光，思恋莼羹的季鹰，定会笑我飘零。

赏析

张可久是一个始终身居下僚、不能施展抱负的失意者，这首《普天乐·秋怀》就是他自觉岁月消磨而功名难遂的悲叹。这篇作品讲究格律、辞藻，用典较多，文辞工巧婉约，颇能体现“小山乐府”的特色。

上小楼·隐居

【元】任昱

荆棘满途[①]，蓬莱[②]闲住。诸葛茅芦，陶令松菊，张翰莼鲈。不顺俗，不妄图，清风高度[③]。任年年落花飞絮。

【注 释】

①荆棘满途：喻仕途艰险。
②蓬莱：传说中的仙山，这里比喻自己隐居的地方。
③清高风度：清雅高洁的风度。

作者名片

任昱（生卒年不详），字则明，四明（今浙江宁波）人。与张可久、曹明善为同时代人，少时好狎游，一生不仕。晚年发愤读书，尤工七言诗。所作散曲小令在歌伎中传唱广泛。其作品《闲居》有“结庐移石动云根，不受红尘”、《隐居》有“不顺俗，不妄图，清高风度”等句，知其足迹往来于苏杭的一位“布衣”。今存小令 59 首，套数一套。

译文

世道是布满了荆棘的小路，我找到个蓬莱般的地方悠闲安住。我也像诸葛亮一般，筑起个茅庐；我也像陶渊明一般，栽种些松菊；我也像张翰一般，喜食莼菜和鲈鱼。我不去顺应流俗，也没有狂妄的企图，始终保持着清高的风度。任由他一年年地飘落红花，飞起柳絮。

赏析

这首小令赞颂了隐居生活的安逸恬适。起首两句即道明因现实社会中布满险恶，遂隐居山林过着闲适若仙的生活；紧接着以“诸葛茅庐，陶令松菊，张翰莼鲈”三句鼎足而对，具体显示隐居的优越性；在列举事实之后，作者更概括诸葛亮、陶渊明、张翰受人尊敬的原因在于“不顺俗，不妄图清高风度”，这正是隐者的精神风貌；结句“任年年落花飞絮”与首句“荆棘满途”相对比，突出了隐居是明智的选择。全曲语言流畅自然，用典朴直。

醉高歌·感怀

【元】姚燧

十年燕月歌声[①]，几点吴霜[②]鬓影。西风吹起鲈鱼兴，已在桑榆暮景。

荣枯枕上三更，傀儡场[③]头四并[④]。人生幻化如泡影，那个临危自省？

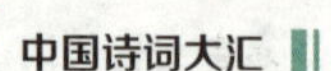

岸边烟柳苍苍，江上寒波漾漾。阳关旧曲低低唱，只恐行人断肠。

十年旧剑[5]长吁，一曲琵琶暗许。月明江上别湓浦，愁听兰舟夜雨。

【注 释】

①燕（yān）月歌声：用战国时荆轲的掌故。燕，指元京城大都。
②霜：喻指白发。一说“吴霜”即指江南的寒霜。
③傀（kuǐ）儡（lěi）场：演傀儡戏的场所。亦喻指官场。
④四并：指良辰、美景、赏心、乐事四者同时遭逢。
⑤旧剑：指文人的游宦生涯。

作者名片

姚燧（1238—1313），字端甫，号牧庵，原籍营州柳城（今辽宁朝阳），迁居河南洛阳，元朝文学家。以散文见称，与虞集并称。散曲抒发个人情怀之作较多，曲词清新、开阔；摹写爱情之曲作，文辞流畅浅显，风格雅致缠绵。与卢挚并称“姚卢”。原有集，已散佚，清人辑有《牧庵集》。

译 文

十年京城观赏燕月、笙歌宴舞的生活，到吴地后两鬓已是白霜点点。西风吹起，兴起思归品鲈鱼之念，而此时人已经步入晚年。

人世的盛衰穷达就如三更时分枕上的一场梦，良辰美景赏心乐事只有在戏里实现。人生如梦幻如泡影，有哪个人能够在危难来临之前自我反省？

长江畔翠柳含烟，远远望去，一片青翠莽苍。微风拂起，江水波光粼粼，似乎带有一丝寒意。只听得那令人断肠的《阳关》旧曲在低低吟唱，因为害怕远行者听到后会更加感伤。

多年的为官生涯真令人感叹，弹一曲琵琶行心灵达到默契境界。在月白风清的夜晚乘船离开九江，最怕在木兰舟中听那淅淅沥沥的夜雨声。

赏析

《醉高歌·感怀》是组曲，共四支小令。第一支曲子是思归之作，抒写作者人到晚年迫切的思归之情；第二支曲子表达对人生无常、好景难久的生命感受；第三支曲子是送别之作，先以苍茫的江景衬托离情，后写送行人唱曲表达离别的哀伤；第四支曲子通过描写白居易的故事，抒发羁旅行役的惆怅之情。全曲多用衬托手法，咏古抒怀，情韵绵邈，委婉深沉，简淡古雅。

拨不断·菊花开

【元】马致远

菊花开，正归来。伴虎溪僧[1]、鹤林友[2]、龙山客[3]，似杜工部[4]、陶渊明、李太白，在洞庭柑[5]、东阳酒[6]、西湖蟹[7]。哎，楚三闾[8]休怪！

【注 释】

①虎溪僧：指晋代庐山东林寺高僧慧远。
②鹤林友：指五代道士殷天祥。
③龙山客：指晋代名士孟嘉。
④杜工部：即唐代诗人杜甫，曾任检校工部员外郎。
⑤洞庭柑：指江苏太湖洞庭山所产柑橘，为名产。
⑥东阳酒：又称金华酒，浙江金华出产的名酒。
⑦西湖蟹：杭州西湖的肥蟹。
⑧楚三闾：指屈原。屈原曾任楚国三闾大夫。

作者名片

马致远（约1250—1321至1324年秋季间），字千里，号东篱（一说字致远，晚号“东篱”），汉族，大都（今北京，有异议）人，元代时著名大戏剧家、散曲家，与关汉卿、郑光祖、白朴并称“元曲四大家”。戏曲创作方面，马致远在音乐思想上经历了由儒入道的转变，在散曲创作上具有思想内容丰富深邃而艺术技巧高超圆熟的特点，在杂剧创作上具有散曲化的倾向和虚实相生之美。马致远所作散曲作品有小令114首以及套曲26套，其中完整套曲有22套。

译文

在菊花开放的时候，我正好回来了。伴着虎溪的高僧、鹤林的好友、龙山的名士；又好像杜甫、陶渊明和李白；还有洞庭山的柑橘、金华的名酒、西湖的肥蟹。哎，楚大夫你可不要见怪呀！

赏析

此曲起首“菊花开，正归来”二句，用陶渊明归田的故事，点明自己是在菊花盛开的时节隐居山林之下，同时此处的菊花暗示了作者的高尚品格。以下三句为鼎足对，将三组美好之事、高雅之人聚集在一起，表现了归隐的生活乐趣。最后用诙谐调笑的口吻请屈原别怪，含蓄地说明社会的黑暗是他归隐的动机。此曲用典较多，但并不显得堆砌。由于这些典故都比较通俗，为人们所熟知，以之入曲，抒写怀抱，不仅可以拓展作品的思想深度，而且容易在读者中引起强烈的共鸣，收到很好的艺术效果。

首夏山中行吟

【明】祝允明

梅子青，梅子黄，菜肥麦熟养蚕忙。
山僧过岭看茶老，村女当垆[1]煮酒香。

【注　释】

①当垆：对着酒垆。垆：旧时酒店里安放酒瓮的土台子。

作者名片

祝允明（1461—1527），字希哲，号枝山，因右手有六指，自号“枝指生”，汉族，长洲（今江苏苏州）人，世人称为“祝京兆”，明代著名书法家。祝允明擅诗文，尤工书法，名动海内。他与唐寅、文徵明、徐祯卿并称“吴中四才子”。又与文徵明、王宠同为明中期书家之代表。其代表作有《太湖诗卷》《箜篌引》《赤壁赋》等。

译　文

梅子熟了，从青色变成了黄色，地里的菜和麦子也都成熟了，又到了忙着养蚕缫丝的时节。

山寺里悠闲自在的僧人，烹煮着老茶树的茶汤，村里的姑娘站在酒垆边煮酒，酒香四溢。

赏析

该诗描写了苏州西郊一带村女当垆煮酒的景象，让人读起来像吴语一般，轻快闲谈，很具姑苏特色。“梅子青，梅子黄”，诗人上来便告诉我们色彩的丰富。至于蚕的白，桑叶

的绿，麦子的金，都留给读者自己去想象补充。不仅色彩繁多，诗中的人物也姿态各异。养蚕的人站着，看茶的老僧走着，当垆卖酒的女孩坐着。老僧看茶的出世，村女卖酒的入世，恰到好处地结合在一起。诗歌描写了山中那种极为自然的生活，有烟火气，却没有世俗味。那份满足，那份陶醉，都意味着人性的复归。

立春日感怀

【明】于谦

年去年来白发新，匆匆马上[①]又逢春。
关河[②]底事空留客？岁月无情不贷人。
一寸丹心图报国，两行清泪为思亲。
孤怀激烈难消遣，漫把金盘簇五辛[③]。

【注　释】

①马上：指在征途或在军队里。
②关河：关山河川，这里指边塞上。
③簇：攒聚。五辛：指五种辛味的菜。

译　文

一年年过去，白头发不断添新，戎马匆匆里，又一个春天来临。为了什么事长久留我在边塞？岁月太无情，年纪从来不饶人。念念不忘是一片忠心报祖国，想起尊亲来便不禁双泪直流。孤独的情怀激动得难以排遣，就凑个五辛盘，聊应新春节景。

【赏析】

这首诗是作者在击退了瓦剌入侵后第二年的一个立春日在前线所写。遇此佳节，引起了作者思亲之念，但是为了国事，又不得不羁留在边地。诗中表达了作者这种矛盾痛苦的心情。

鲥　鱼

【明】何景明

五月鲥鱼已至燕①，荔枝卢橘②未应先。
赐鲜徧及中珰第③，荐熟谁开寝庙筵④。
白日风尘驰驿骑，炎天冰雪护江船。
银鳞细骨堪怜汝，玉箸金盘⑤敢望传。

【注　释】

①燕：指北京，明成祖永乐十九年（1421）自南京迁都于此。
②卢橘：《文选》注为枇杷。《本草纲目》李时珍注为金橘。此应指枇杷。
③鲜：时鲜食品。及：到。中珰（dāng）：宦官。珰，冠饰。
④荐：无牲而祭曰荐，指时鲜祭品。开：设，此指主持。寝庙：即宗庙，前为庙，后为寝。
⑤玉箸（zhù）金盘：皇帝赐臣下食物所用器物。

作者名片

何景明（1483—1521），字仲默，号白坡，又号大复山人，信阳浉河人。何景明是明代“文坛四杰”中的重要人物，也是明代著名的“前七子”之一，与李梦阳并称文坛领袖。其取法汉唐，一些诗作颇有现实内容。性耿直，淡名利，对当时的黑暗政治不满，敢于直谏，曾倡导明代文学改革运动，著有辞赋32篇，诗1560首，文章137篇，另有《大复集》38卷。

译文

五月的鲥鱼已从江南运到北京，荔枝和卢橘也未能抢先。皇帝赏赐的时鲜食品遍及宦官宅第，时鲜祭品已熟有谁来主持宗庙的筵席。尽管风沙满天，送鲥鱼的驿骑仍在奔驰，遇上炎热的暑天就在江上送鱼船里用冰雪护着鲥鱼。白色的鱼鳞细嫩的鱼刺实在令人喜爱，又岂敢盼望皇帝赏赐那玉箸金盘。

赏析

此诗通过咏鲥鱼，讽刺君王重口体之养而劳民伤财，重宦官小人而忘祖宗远君子。诗以颔联为中坚，首联写鲥鱼被帝王看重，颈联写运送时情况，尾联抒发感叹，都为鲥鱼入宫后赐宦官而不及荐祖庙而铺设。全诗运用对比和衬托的手法，以突出主题。作者将讽刺性放在对比之中，用鲥鱼之鲜对比宦官之贵，用不祭祖先却先赐鲥鱼对比皇帝同宦官的关系，再用运鱼进京的千辛万苦对比宦官正举着玉箸夹吃金盘中的鲥鱼，对比之中深含讽刺，讽刺中寓对比，相互照应，因而构成了这首诗深刻的讽刺意义。

满庭芳·失鸡

【明】王磐

平生淡薄，鸡儿不见，童子休焦。家家都有闲锅灶，任意烹炮。煮汤的贴他三枚火烧[①]，穿炒[②]的助他一把胡椒，倒省了我开东道[③]。免终朝[④]报晓，直睡到日头高。

【注　释】

①火烧：饼子，烧饼。
②穿炒：煎炒。
③东道：主人，东道主。
④终朝：此指早晨。

作者名片

王磐（约 1470—1530），字鸿渐，号西楼，江苏高邮人。明代散曲家、画家，亦通医学，称为南曲之冠。他工诗能画，善音律，尤善词曲。散曲多表现他个人闲情逸致，但有部分作品比较深刻地反映了社会现实，或表达了作者改变现实的愿望。王磐散曲存小令 65 首，套曲 9 首，全属南曲。著有《王西楼乐府》《清江引·清明日出游》《野菜谱》《西楼律诗》。

译　文

我平生对身外之物很淡薄，鸡不见了，家里小童可别焦急。家家都有闲的锅灶，这还怕什么呢，可以任意地烹调或者煎炝。要是用鸡做汤的话，还可以贴补他三个火烧；要是煎炒的话，可以送他一把胡椒，这倒省了我当东道主去请。而且还可以免去公鸡一早高声地报晓，这样能一直睡到日头老高。

赏析

古人居家以鸡犬为伴。母鸡可以下蛋，公鸡可以报晓。可知鸡不但是食物来源，而且可以当闹钟。因此，偷鸡是一件很没有公德的事。反之，鸡被偷了，则是一件很使人沮丧乃至焦急的事。主人被偷走了只公鸡，童子正在焦急，便产生了这支曲。该曲的前三句讲述缘由，主人丢了鸡还劝小童别焦急；接下来四至八句，想象偷鸡贼将鸡下锅烹煮；最后两句戏言自己贪睡，丢了鸡也好。曲中将眼前小事随手拈来，语言风趣，以小见大，颇见特色。

暮归山中

【明】蓝仁

暮归山已昏，濯足月在涧①。
衡门②栖鹊定，暗树③流萤乱。
妻孥④候我至，明灯共蔬饭⑤。
伫立松桂凉，疏星隔河汉。

【注　释】

①月在涧（jiàn）：月亮倒映在涧水中。
②衡门：横木架成的门，指简陋的房屋。衡，同“横”。
③暗树：一作“暗径”。
④妻孥（nú）：妻子和儿女。孥，儿女。
⑤蔬饭：粗菜淡饭。

作者名片

蓝仁（1315－？），字静之，自号蓝山拙者，与弟蓝智同为元末明初诗人，崇安将村里（今福建武夷山市星村镇）人。二蓝早年跟随福州名儒林泉生学《春秋》，又跟武夷山隐士杜本学《诗经》，博采众长，形成自己的风格，后人评价他们的诗风类似盛唐，兼有中晚唐诗人优点，既学唐人，又不失自己的个性。蓝仁不事科举，一意为诗，“杖履遍武夷”，傲啸山林，过着闲适的田园生活。后辟武夷书院山长，迁邵武尉，不赴。明初内附，例徙濠梁，数月放归，自此隐于闾里。

译　文

黄昏时回家，山里已经昏暗，涧水里洗洗脚，月影在水中出现。简陋的横木门上，喜鹊归巢入眠，黑暗的树林中，萤火虫乱画弧线。老婆孩子都等候我归来，挑亮油灯一同饱尝粗茶淡饭。我伫立在松树、桂花间纳凉，遥望疏朗的星星远隔着河汉。

赏析

全诗采用移步换景之法，层层推移，步步腾挪，使诗歌跳脱而有变化。诗人用疏淡的笔触，通过平凡生活事件的叙述和特定环境的描绘，反映出诗人复杂的内心世界。有对山间恬淡生活的热爱，也有人生失意后的淡淡哀愁。诗中的溪涧幽泉，青松佳桂等意象，透露出山野闲人那种清高隐逸的旨趣。而暗径幽深、流萤乱舞，又烘托出诗人烦乱茫然的情绪。诗的基调是较为明快自然的，但也多少笼罩了一层轻柔的迷惘和淡远的惆怅。诗人运笔古拙，洗脱铅华，纯用白描，以平实质朴取胜，而不以夸饰渲染为工。初读起来似觉有些乏味，但细加玩赏，便又能感觉到语虽淡而味终不薄。这也许就是此诗的成功之处。

清明呈馆中诸公①

【明】高启

新烟着柳禁垣斜，杏酪②分香俗共夸。
白下③有山皆绕郭，清明无客不思家。
卞侯④墓下迷芳草，卢女⑤门前映落花。
喜得故人同待诏⑥，拟沽春酒醉京华。

【注 释】

①馆中诸公：即史馆中一同修史的宋濂、王祎、朱右等 16 人。
②杏酪（lào）：传统习俗，在寒食三日作醴酪，又煮粳米及麦为酪，捣杏仁作粥。
③白下：南京的别称。

④卞（biàn）侯：晋朝的卞壶。
⑤卢女：即莫愁，古代善歌的女子。
⑥待诏：明代翰林院所设官职，主管文件奏疏。此指修史。

作者名片

高启（1336—1374），字季迪，号槎轩，长洲（今江苏苏州）人，元末明初著名诗人，文学家。元末隐居吴淞青丘，自号青丘子。高启才华高逸，学问渊博，能文，尤精于诗，与刘基、宋濂并称“明初诗文三大家”，又与杨基、张羽、徐贲被誉为“吴中四杰”，当时论者把他们比作“初明四杰”。又与王行等号“北郭十友”。有诗集《高太史大全集》，文集《凫藻集》，词集《扣舷集》。

译　文

一树树杨柳披拂着新火的轻烟，沿随着宫墙逶迤蜿蜒；杏仁麦粥香气溢散，家家户户互相馈送，一片欢腾。都城南京的城郭四周，举目但见无尽的青山；节逢清明，更令客子无不把家乡深深怀念。看那卞壶祠边春草迷乱，莫愁女的故居前已被落花铺满。幸亏还有馆中诸公共同做伴，不妨打来美酒痛醉一番。

赏析

清明节，旧时风俗为人们扫墓祭祖的日子，所以最易触发客居在外的游子的乡思。这首诗所抒写的心情也大抵如此，只是它表现得特别含蓄委婉、曲折隐微，在高启的律诗中又是一种格调。“清明无客不思家”，既曰“无客不”，自然也包括作者自己在内。不过，全诗直接抒写思家之情语，仅此一句，其余则着力描写景物，如垂柳、杏酪、青山、芳草、落花等，可谓色彩缤纷、明丽如画，甚至有画所难到者。但这一切，似并未使作者陶醉，从而消释其思家之情，相反地，见景

生情，反而更衬托、引发了他的思乡情。“下侯墓下迷芳草，卢女门前映落花”，作者以芳草与下侯墓并置，以落花与莫愁女映照，似更富有富贵难久恃、盛时难长留的感慨。

摸鱼儿·送座主德清蔡先生[1]

【清】纳兰性德

问人生、头白京国[2]，算来何事消得。不如罨画[3]清溪上，蓑笠扁舟一只。人不识，且笑煮、鲈鱼趁著莼丝碧。无端酸鼻，向歧路消魂，征轮驿骑，断雁西风急。

英雄辈，事业东西南北。临风因甚泣。酬知有愿频挥手，零雨凄其此日[4]。休太息，须信道、诸公衮衮[5]皆虚掷。年来踪迹。有多少雄心，几翻恶梦，泪点霜华织。

【注　释】

①座主：科举考试之主考官、总裁官，亦称座师。蔡先生：蔡启僔（1619—1683），字石公，号昆阳，浙江德清人。

②京国：京城。此指北京。

③罨（yǎn）画：色彩鲜明的图画，这里形容蔡先生家乡之美丽如画。

④零雨：慢而细的小雨。凄其：凄凉。

⑤诸公衮衮（gǔn）：即衮衮诸公，旧时称身居高位而无所作为的官僚。衮衮：本指大水奔流不绝、旋转翻滚的样子，同“滚滚”。

作者名片

纳兰性德（1655—1685），满洲正黄旗人，字容若，号楞伽山人，清代著名词人之一，原名纳兰成德，一度因避讳太子保成而改名纳兰性德。纳兰性德的词以真取胜，写景逼真传神，词风“清丽婉约，哀感顽艳，格高韵远，独具特色”。著有《通志堂集》《侧帽集》《饮水词》等。

译　文

一辈子的时间、精力都耗费在朝廷里，究竟值不值得呢？还不如远遁到风景如画的水乡，着一身蓑笠，驾一叶扁舟，做一名普通百姓，过一番自由自在的生活。就像晋朝辞官归乡的张季鹰一样，趁着莼菰成熟的季节，煮美味的鲈鱼来吃。毫无来由地鼻梁发酸，这送别的时刻，在分手的路口上黯然伤神。你就要踏上远行的征程，此刻西风凛冽、孤雁南飞。

英雄人物从来志在四方，却为什么在风中流泪？频频挥手与知己道别，在这尽日的凄凉雨里。请不要叹息自己的贬谪遭遇，那些仍在朝廷上占据高位的人有哪个及得上你的才华？这一年来的人生旅途啊，多少雄心，又多少挫败，想起来不禁泪水飘零。

赏析

刚刚中举的纳兰性德，似乎应该是春风得意、前途无量的时候，然而这位年轻的贵公子，却写出这样词章，可知其内心深处对人生价值另有不同凡俗的理解。这封学生写给老师的信，也成为文学史上同类作品中情深谊长的上乘之作。从全词看，词人的座师蔡德清先生此番被迫回归故里，可以说是受了不白之冤的。作为弟子除了填词以示同情和宽慰之外，也只能徒唤奈何了。但此篇词在慰藉座师的同时，也抒发了词人愤世嫉俗的情怀。

摸鱼儿·午日雨眺

【清】纳兰性德

涨痕添、半篙柔绿[1]，蒲梢荇叶无数。台榭空蒙烟柳暗，白鸟衔鱼欲舞。红桥路，正一派、画船萧鼓中流住。呕哑柔橹[2]，又早拂新荷，沿堤忽转，冲破翠钱雨[3]。

蒹葭渚，不减潇湘深处。霏霏漠漠如雾，滴成一片鲛人泪，也似汨罗投赋。愁难谱，只彩线、香菰脉脉成千古。伤心莫语，记那日旗亭，水嬉散尽，中酒阻风去。

【注　释】

①柔绿：嫩绿，此处代指嫩绿之水色。
②呕哑（ōu yā）柔橹（lǔ）：谓船行水面橹篙划水发出轻柔的水声。呕哑：拟水声。
③翠钱雨：指新荷生出时所下的雨。翠钱：新荷之雅称。

译　文

雨后水涨，嫩绿的水面已涨至半篙，蒲柳和荇叶无数。亭台楼榭迷蒙一片，柳枝暗沉，白鸟衔着鱼儿飞掠欲舞。画桥外，路幽长。画船齐发，箫鼓阵阵，在水中央流连。随着轻柔的划桨之声，船早已拂过新荷，沿着河堤忽转，冲破新荷出生时所下之雨。

长满芦苇的洲渚，丝毫不亚于潇湘深处。雨纷纷而下，迷迷蒙蒙，如雾一般，恰似鲛人的眼泪，亦如正作赋投江以凭吊屈原。愁意难以谱写，只是用彩线缠裹香菰以纪念屈原的习俗，千古流传。一片伤心，沉默不语。记得那日在酒楼中，待到水上游戏做罢，人群散尽，我饮酒至半酣，迎风而行。

赏析

该词写诗人端午节雨中眺望的感触。上片写雨中景色，颇富诗情画意，新荷、画船、红桥一一掠过，生机盎然。下片扣住端午，由后人的怀念隐约透露出一丝愁绪。前面描绘的景色并非显得哀怨凄清，而后面抒情则细腻委婉哀怨，前后形成较大的对比。如此大的转折，更使这首词所抒之情深厚郁勃，沈致幽婉了。全词通过运用典故，寓情于景，将词人的愁绪与对恋人的思念之情表达得淋漓尽致。

春不雨

【清】王士祯

西亭[①]石竹新作芽，游丝已罥樱桃花[②]。
鸣鸠乳燕春欲晚，杖藜时复话田家。
田家父老向我说，“谷雨久过三月节。
春田龟坼[③]苗不滋，犹赖立春三日雪。”
我闻此语重叹息，瘠土年年事耕织。
暮闻穷巷叱牛归，晓见公家催赋入。

去年旸雨幸无愆[4]，稍稍三农获晏食[5]。
春来谷赋复伤农，不见饥鸟啄余粒。
即今土亢不可耕，布谷飞飞朝暮鸣。
春莩作饭藜作羹[6]，吁嗟荆益[7]方用兵。

【注　释】

①西亭：渔洋新城故居有西园，园有亭。西亭，或指西园亭。
②游丝：春季虫类吐的丝，飘游于空中。罥（juàn）：挂。
③龟坼（chè）：比喻田土干裂的样子。
④无愆，谓雨水得时。愆（qiān）：失错。
⑤晏食：安逸吃饱饭。
⑥春莩（fú）：捣谷去糠。莩，通“稃”，谷皮。藜羹：藜嫩叶可食，藜叶做的羹汤，叫藜羹。
⑦荆益：今湖北、四川一带。

作者名片

王士祯（1634—1711），原名王士禛，字子真，一字贻上，号阮亭，又号渔洋山人，世称王渔洋，谥文简，山东新城（今山东桓台）人。王士祯是清代著名诗人、诗词理论家、文坛领袖，他的一生是文政兼从的一生。他的主要成就在诗文创作与理论方面，但在小说、戏曲、民歌、书画、藏书、史论等方面所取得的成就亦不容忽视。

译　文

西亭石竹已长出新芽，晴日空中飘动着昆虫吐出的游丝挂在樱桃花上。斑鸠鸣叫，乳燕齐飞，在这春天就要过去的时节，父老乡亲们拄着藜杖自然而然地谈论起田家农事。田家父老向我说，谷雨已过去很久。但春天的田地干旱龟裂，连禾苗都没长出来，至今田地里仍然依赖立春时下的三天的雪。我听了田家父老的这番话后，深受触动，叹息不已，感到农村土地这样贫瘠，可是农民们仍是年年岁岁劳劳碌碌，辛勤耕作。晚上我听到穷陋的村巷里农民们赶着牛从田里归来，可是早晨就见到官府差役来收租催赋。去年幸好因为晴雨及时，没有错过耕种季节，

使得农民勉强能够吃上晚饭。但是随着春天的到来，官府的租赋又使得农民的生活受到极大的影响和损害，以致看不见饥饿的鸟雀来啄食剩余的米粒。虽然布谷鸟从早到晚飞来飞去，不停地鸣叫，似乎在催着人们快些“布谷”，但是现在土地亢旱，已无法耕种。人们只好捣碎野荸上的果实当饭，用灰菜作汤来勉强充饥，可是这时清兵又要从荆、益向云南发兵进攻了。

赏析

此诗叙写春季干旱，家家种不上谷子，而官府仍然紧迫催租，反映出在封建统治阶级的剥削压榨下农民所过的悲惨生活。仔细品味此诗，就会感到作者在遣词造句上功底颇深。“时复”二字，表示经常不断。说明诗人与田家父老的密切关系。“重叹息”，不同寻常的叹息，表明诗人痛苦的心理活动。“稍稍”二字，看似轻轻一笔，实际上却包蕴着田家的苦况和诗人的同情两方面内含。白描中诗人多用对比，在对比中显示出惊人的艺术效果。比如一方面是“西亭石竹新作芽”，一方面却是“春田龟坼苗不滋”；一方面是“暮闻穷巷叱牛归”，一方面又是“晓见公家催赋入”；一方面是“春荸作饭藜作羹”，一方面则是“吁嗟荆益方用兵”。不必多做描述，也不必加以解释，现实生活中的这种种不正常、不合理、不公平，就都表现得淋淋漓尽致。

螃蟹咏

【清】曹雪芹

持螯[①]更喜桂阴凉，泼醋擂姜兴欲狂。
饕餮[②]王孙应有酒，横行公子竟无肠。
脐间积冷[③]谗忘忌，指上沾腥洗尚香。
原为世人美口腹，坡仙[④]曾笑一生忙。

【注 释】

①持螯（áo）：拿着蟹钳，也就是吃螃蟹。
②饕餮（tāo tiè）：本古代传说中贪吃的凶兽，后常用来说人贪馋会吃，这里即此意。
③脐间积冷：中国传统医药学认为，蟹性寒，不可恣食，其脐（蟹贴腹的长形或团形的浅色甲壳）间积冷尤甚，故食蟹需用辛温发散的生姜、紫苏等来解它。
④坡仙：苏轼。

作者名片

曹雪芹（约1715—约1763），名霑，字梦阮，号雪芹，又号芹溪、芹圃，中国古典名著《红楼梦》的作者，祖籍存在争议（辽宁辽阳、河北丰润或辽宁铁岭），出生于江宁（今南京），曹雪芹出身清代内务府正白旗包衣世家，他是江宁织造曹寅之孙，曹颙之子（一说曹頫之子）。

译 文

手持蟹钳更喜有这桂树的阴凉，捣烂生姜，置姜末于醋中真使我食兴欲狂。如此贪馋会吃的我自然要有酒助兴，号为“横行公子”的螃蟹却是腹内空空无肝肠。为贪馋早忘了腹脐积冷的顾忌，手指上沾染腥味洗了又洗还有余香。螃蟹生来原就为满足世人的口福，称仙的苏东坡也曾自嘲平生为口忙。

赏析

这首诗首联领起"持螯赏桂"，重点却在写人的狂态；颔联紧承"兴欲狂"而来；颈联回到吃蟹上来，续写吃蟹人的狂态；尾联顺着上联之势，融汇宋人苏轼的赋意诗境，以自喻的口吻，为自己的贪馋狂态辩解，并结束全诗。全诗首尾照应，中间二联对仗工稳，且语带双关，句句咏蟹，又句句写人，咏物与言志抒怀关合紧密，写来情性率真，自然地流露了贾宝玉的思想性格。这也就无怪乎林黛玉要对它大加赞扬，说"你那个很好，比方才的菊花诗还好"，并要他留着给人看看。

虞美人·无聊

【清】陈维崧

无聊笑捻花枝说，处处鹃啼血。好花须映好楼台，休傍秦关①蜀栈②战场开。

倚楼极目③深愁绪，更对东风语。好风休簸战旗红，早送鲥鱼如雪过江东④。

【注　释】

①秦关：指陕西一带的关口。因陕西为古秦国所在地，故称。

②蜀栈（zhàn）：蜀川道路艰险，多在山间凿岩架木，筑成栈道，以作通路。故称蜀栈。秦关、蜀栈在这里都指战争要塞，也指战场。

③极目：纵目，用尽目力远望。

④江东：自汉至隋唐，称安徽芜湖以下的长江下游南岸地区为江东。这里泛指江南没有战争风云的和平美好的生活。

陈维崧（1625—1682），字其年，号迦陵，宜兴人（今属江苏）。明末清初词人、骈文作家，阳羡词派领袖。陈维崧是清代著名的词人。他继承宋代苏轼、辛弃疾的豪放词风，发展形成自己独特的风格。他出生于一个具有民族气节和正义感的文学世家，少时享有盛名，被誉为“江左凤凰”。明亡入清后，飘零四方，广泛地接触社会生活，因而词作多具现实主义的深刻内容。

译　文

烦愤无聊地苦笑，捻搓着花枝说，处处杜鹃在悲鸣啼血。美丽的花应去映衬漂亮的楼台，不要傍着秦关蜀栈在战场开。登楼凭栏放眼看，心绪更惆怅。面对东风说一声。好风不要吹动战旗红，应早把如雪的鲥鱼吹送到江东。

赏析

这首词反映了作者憎恶战争、盼望和平的美好心愿。开头“无聊笑捻花枝说，处处鹃啼血”两句，以悠闲轻淡的语调落笔，给人们展示了万紫千红、鲜花烂漫的春日景象。“无聊”二字，既点出了词题，又刻画了客观物景的艳丽夺目的意象。“鹃啼血”以杜鹃啼血来比拟杜鹃花红艳的色彩，而蕴含更深一层的意念。下两句笔锋陡转，“好花须映好楼台，休傍秦关蜀栈战场开”，恰似一声春雷，惊醒人们温馨的梦。“休傍”不但是作者正面的劝阻与否定，而且暗示着这芬芳艳丽的鲜花，并没有装点在和平的人们中间。西南之地仍是狼烟滚滚，战火未灭。“倚楼极

目深愁绪，更对东风语。”这里承上句，表现词人对战争的深切忧虑，由亢烈的情感转入如泣如诉的悲怆之中，“更对东风语”尤显得哀婉、凄切。既然倚楼极目更添许多愁绪，而又无人领略，只能面对东风而语，含义深远。结末两句，融情于景，耐人寻味。“好风休簸战旗红，早送鲥鱼如雪过江东。”温暖和煦的春风，不该为战旗而飘摇，应该是为人们送来雪白而鲜美的鲥鱼。